Dream juvenile

▶▶▶ 梦 想 少 年

彩图版

梦想少年

年中国丛书

少年强则中国强

策划⊙孟凡丽

主编⊙袁 毅

Wuhan University Press
武汉大学出版社

图书在版编目(CIP)数据

梦想少年/袁毅主编. —武汉:武汉大学出版社,2013.1(2023.6 重印)
(少年中国丛书:彩图版)
ISBN 978-7-307-10444-0

Ⅰ.梦… Ⅱ.袁… Ⅲ.理想 – 少年读物 Ⅳ. B821 – 49

中国版本图书馆 CIP 数据核字(2013)第 022571 号

责任编辑:代君明   责任校对:宋静静   版式设计:王　珂

出版发行:**武汉大学出版社**　　(430072　武昌　珞珈山)
(电子邮箱:cbs22@ whu. edu. cn 网址:www. wdp. com. cn)
印刷:三河市燕春印务有限公司
开本:710×1000　1/16　印张:10　字数:68 千字
版次:2013 年 1 月第 1 版　2023 年 6 月第 3 次印刷
ISBN 978-7-307-10444-0　定价:48.00 元

故今日之责任，不在他人，而全在我少年。少年智则国智，少年富则国富，少年强则国强，少年独立则国独立，少年自由则国自由，少年进步则国进步，少年胜于欧洲，则国胜于欧洲，少年雄于地球，则国雄于地球……

——摘自梁启超《少年中国说》

一百多年前，中国身陷半殖民地半封建社会的境地，外有列强步步逼入，内有政府腐败无能，梁启超奋笔疾书《少年中国说》，以此激励世人扛起振兴中华的责任。

一百多年后，今天的中国国力渐强，但仍面临着各种各样的机遇和挑战。今日国之希望，未来国之栋梁，唯我少年！

但是要想担负起这个希望，要想成为这个栋梁，不是把《少年中国说》倒背如流就可以做到的。现在国与国的竞争，人与人的竞争越来越多元化、复杂化，在把语数英这些基础学科的知识掌握好之外，我们还需要培养自己的多元素质体系，这样才能使自己在与他人的竞争中立于不败之地，这样的少年担负起的中国才能在与他国的竞争中立于不败之地！

《少年中国丛书》选取了一个好少年最应该具备的基本素质：爱国、梦想、美德、感恩、创新、礼仪、励志和智慧。在一个个感化心灵的故事中潜移默化，在一个个精彩的主题活动中把这些素质落实到行动。

在这套书的陪伴引领下，让我们一起做一个好少年，做一个扛得起国之希望的好少年！

编委会

少年强，则中国强

少年中国

Dream juvenile
▶▶▶ 目录／contents

第一章　让想飞的梦想成真

比尔·盖茨与他的梦想……………………………… 008

不做烂虎做好猫…………………………………… 010

猎豹之死…………………………………………… 013

让想飞的梦想成真………………………………… 019

只差一声鸡鸣……………………………………… 022

生命的箱子………………………………………… 024

心存希望就能战胜一切…………………………… 026

不甘为蛹…………………………………………… 029

无畏的希望………………………………………… 033

十年以后你会怎样………………………………… 035

健康的心灵可以成全一切………………………… 037

【少年行动队】…………………………………… 041

黑板报：让梦想在这里起飞……………………… 041

第二章　别让时间消磨了你

猫的孤单梦想……………………………………… 046

一条拒绝沉没的船………………………………… 050

鹰的天空之城……………………………………… 053

别让时间消磨了你………………………………… 055

猎鹰是这样熬成的…………………………… 058

不上学照样上剑桥…………………………… 061

海豹王的产生………………………………… 064

老鹰与蜗牛…………………………………… 069

眼泪会不由自主流下………………………… 072

如果灵魂里没有星星和月亮………………… 074

为了梦想，含泪活着………………………… 077

【少年行动队】……………………………… 080

少先队行动：野外郊游……………………… 080

小测试：测试你的青春指数………………… 081

第三章　让心灵先到那个地方

是你自己以为不可能………………………… 084

自杀的鸟儿…………………………………… 087

追求梦想……………………………………… 092

把普通做到极致……………………………… 094

让心灵先到那个地方………………………… 096

一壶沙子变成了清冽的水…………………… 099

我在北师大等你……………………………… 101

穆拉特的金雕………………………………… 105

度假的黑马…………………………………… 111

落叶是秋天的收获…………………………… 115

飞轮海中的穷小子…………………………… 120

把儿时的梦想坚持百年……………………… 122

给自己画一扇窗……………………………… 125

【少年行动队】…………………………………… 128
少先队活动：桃李满天下，恩情似海深……… 128

第四章　一生只做一件事

别人的幸福…………………………………… 132
画眉的挽歌…………………………………… 134
下一世还做苍蝇……………………………… 137
一生只做一件事……………………………… 140
要用一生去建造的房子……………………… 143
系在树枝上的小布条………………………… 145
有梦不觉天涯远……………………………… 148
一枝蜡烛的梦想……………………………… 152
【少年行动队】……………………………… 157
主题班会：我当小评委……………………… 157
小测试：测试你的竞争能力………………… 159

Dream juvenile

第一章/让想飞的梦想成真

　　无论别人怎样评价和鼓励我们，最能够激励我们的，就是我们自己。人生多磨难，这更是用在任何一个人身上都不显夸张的至理。因为我们的成长过程，就是不断战胜苦难和攀登的过程，实现梦想的过程。在这个过程中，激励的作用，就像是给爬坡的人拉一把。不但助力，还能够让心灵温暖。

比尔·盖茨与他的梦想 ▶▶▶

所有人都应该有梦想，即使他是比尔·盖茨。

比尔·盖茨出生于律师和教师之家，这个家庭的大人非常注意小盖茨的智力开发和培养。

盖茨三四岁时，母亲外出总是把盖茨带在身边，当她在学校里向学生讲解西雅图的历史和博物馆的情况时，盖茨总是坐在全班最前面。尽管盖茨是个好动的孩子，但在教室里他表现得比其他学生还要专注、认真。

盖茨从小酷爱读书，尽管他是个儿童，但他喜爱读成人的书。在自己家里，他可以随意翻阅父母的藏书。

他7岁的时候，最喜欢读的书是《世界百科全书》，他经常连续几个小时地阅读这本大全，一字一词地从头读到尾。盖茨的父母还尽可能提供给他各种学习机会。当他逐渐长大时，父母鼓励他参加童子军的野营活动，小盖茨从与其他孩子的相处中得到了珍贵的友情。

自从盖茨进入湖滨中学小计算机房的那一天起，计算机对他就产生了一种无法抗拒的魅力。15岁时，他就为信息公司编写过异常复杂的工资程序。

1973年春，他收到了哈佛大学的录取通知书。在哈佛大学里，盖茨的潜质更是一发不可收拾。他经常在计算机房通宵达旦地工作，有好几次，盖茨告诉父母，他想从哈佛退学与他人一道干计算机事业。但父母极力反对儿子开公司，尤其是毕业以前。父母还请了受人尊敬、白手起家的一个名叫斯托姆的著名企业家来说服盖茨，打消开公司的念头。可是斯托姆不但没有劝阻他，反而在倾听了这位十几岁孩子的演说后，鼓励盖茨好好干，支持他开公司。

1977年盖茨正式退学。他不是厌倦哈佛，而是希望另有远大前程。从此比尔·盖茨朝着自己的梦想一步步努力，终于走向了成功。

梦想传承　　在很多人眼中，比尔·盖茨为了自己的计算机理想放弃哈佛的学业，这是一件很荒唐的事。但是斯托姆却认为他有这样的梦想就应该让他去为之努力，比尔·盖茨的成功并不是一个偶然，而是一个为梦想不惜一切奋斗的榜样。也许你的梦想并不远大，也许你的梦想注定不会实现，但是每一个人的梦想都值得我们去尊重。

不做烂虎做好猫 ▶▶▶

人和动物一样，都有属于自己的梦想。

有一个男孩，多年来一直是班里的差生。他学习非常刻苦，但成绩就是上不去。

男孩的自尊心受到了极大的打击，变得越来越自闭，他总是喜欢待在自己的小屋内，不与外界联系。

有一天，父亲发现他的床头铺着一张张图画纸，很是好奇，翻开看看，顿时哭笑不得。原来，儿子把在学校所受的委屈和打击全都发泄在画纸上，画里有他的老师被西瓜皮滑倒，同学被马蜂狂追……看着看着，父亲突然眼前一亮，把散乱在床头的画一张张叠好，再用夹子夹整齐。

男孩的成绩依然很差，父母还是经常被老师叫去训斥。但是，父亲从来没有训斥过儿子，任由他躲在自己的世界里自由自在地画画。而且由于担心儿子孤独，父亲还特意买了一只宠物猫送给他，作为他的玩伴。时间长了，男孩儿反而觉得奇怪，问父亲："是不是你也对我彻底丧失了信心，决定不管不问了？"父亲沉默良久，说："周末我带你到动物园玩玩吧。到时你就什么都明白了！"

男孩不知父亲有何用意，但周末还是乖乖地和父亲去了动物园。那天，动物园里人山人海，很多人都围在一只威猛的老虎面前欣赏。父亲也带着儿子走了过去。这期间，父亲回答了儿子的问题。

回来后，男孩心情大好，从此专心致志把漫画当作一生的追

求。25岁那年，他成为漫画界炙手可热的人物，《双响炮》《涩女郎》等作品红遍东南亚。他，就是漫画大师朱德庸。

多年后，他到大学做演讲，提到了小时候在动物园父亲讲的那段话："'人和动物一样，都有属于自己的天赋。老虎强壮、善于奔跑，猫则温顺、灵敏。猫虽然不像老虎那样威风和霸气，但也具备老虎不具备的天赋与本能：它能上树，能抓老鼠。人们都希望成为老虎，但很多人只具备猫的天赋，结果久而久之，变成了烂虎。儿子，你天生对文字迟钝，对图形却非常敏感，为什么放着优秀的猫不当，而偏要当烂虎呢？我不希望你成为一只烂虎，我相信你一定能成为一只好猫！'听了父亲的话，从那一天开始，我的梦想就是成为一只好猫。"

梦想传承

老虎强壮、善于奔跑，猫则温顺、灵敏。猫虽然不像老虎那样威风和霸气，但也具备老虎不具备的天赋与本能：它能上树，能抓老鼠。人们都希望成为老虎，但很多人只具备猫的天赋，结果久而久之，变成了烂虎。人有时就是放着优秀的猫不当，而偏要当烂虎，有时我们也不妨梦想做一只好猫。

猎豹之死 ▶▶▶

猎豹的梦想就是在天堂的国度里，在云彩间开心地追逐嬉戏。

如果说，这世界上还有一种动物不是为了活着而活着的话，那便是猎豹。作为上古猛兽——剑齿虎的嫡传子孙，猎豹保留着一种高傲，它们不屑像鬣狗般成群结党，懒得如狮子那样群居生活，自己便是自己，也只靠自己。自己可以靠着笑傲草原的高速，在风驰电掣的奔跑中追逐着生命的延续。每一头猎豹，都是问心无愧的独行侠，哪怕饥肠辘辘，也永远不会去和秃鹫争夺一丝腐肉或残渣。

然而，因为饥饿和势单力薄，猎豹的数目锐减，截至2003年，这群骄傲的完美主义者的数量已不过15000头。

而猎豹的死亡速度远远高于它们的繁殖速度——公猎豹精液中的精子成活率很低，每交配50次才能保证让一枚卵子受精；母猎豹也总是眼高于顶地精心挑选着自己未来的丈夫——皮毛、体态、速度……两头猎豹从相识到成功交配需要长达6个月的熟悉过程。它们，就像隐居于古城堡的贵族一般过着不为人知的精细生活。

动物学家们对此焦虑万分，绝不能让这种凝聚速度与美感的生物灭亡！于是，南非德瓦尔德猎豹研究中心成立了。这是全球唯一一所猎豹专业研究院，确切一点说，这是一个猎豹繁殖基地。

阿加西是德瓦尔德中心的第一位客人，也是独一无二的贵宾，因为它是一头纯种的国王猎豹——普通猎豹皮毛上的斑纹是斑点状，而国王猎豹的花纹则是和老虎一样的条纹状。平均每一千头猎豹中才会有一头国王猎豹，这是一种典型的返祖现象——因为它们的祖先剑齿虎的皮毛便是条纹状花纹。换言之，全世界的国王猎豹数量不超过15头。德瓦尔德中心的当务之急就是延续国王猎豹这一珍贵物种。

然而，对早已恭候在德瓦尔德中的那些被人工喂养的毛皮光滑、整天只会在阳光下打盹、优雅地小口嚼食新鲜牛肉的母猎豹，阿加西表现出了极大的冷漠。在它的心中，只有在草原上追星逐月，用风一般的速度获得鲜血滋润的母猎豹才有资格成为自己的伴侣。动物学家们试探着将一头头精壮的母猎豹放入阿加西的笼子，结果让所有人瞠目结舌——凡是热情去撩拨阿加西的母猎豹全被阿加西撕咬得遍体鳞伤，哀叫着在笼子的角落里缩成了一团。

面对这样的意外，所有人都束手无策。可是就这样把阿加西放归自然，又的确让人不甘心。于是，阿加西独霸着一个宽敞的笼子，过着至尊无上而又清心寡欲的生活，直到莲娜的出现。

莲娜是一头被动物学家们从死亡线上拉回来的母猎豹。那天，莲娜刚刚飞奔着扑倒了一只迅捷的飞羚，一群投机的鬣狗就围了上来——鬣狗本就是草原上的强盗，最拿手的就是夺取猎豹的猎物。面对鬣狗的围攻，别的猎豹早就明哲保身放弃猎物逃之夭夭了，可性烈如火的莲娜却毫不放弃，为了保护自己的劳动成果和一群鬣狗进行一场恶斗。当动物学家们发现莲娜的时候，它已经奄奄一息了，可嘴里还死死叼着一条飞羚腿。

由于伤势严重，莲娜被独自关到了阿加西旁边的一间笼子里，它一动不动地静卧在地上。这时，阿加西的鼻子忽然抽动了一下，它闻到了莲娜身上和鬣狗搏斗时沾染的味道——这种味道，只有大无畏的猎豹身上才会有，这是一种至高无上的骄傲。它慢慢靠近莲娜的笼边，静静地凝视着莲娜，眼中的坚冰开始一点一点融化。

在动物学家的治疗下，莲娜的伤势很快痊愈了。不过，它对所有的人依旧表现出强烈的野性和攻击力，在没有麻醉的前提下，没有人敢走近它的笼子。别的母猎豹视为美食的新鲜牛肉，它不屑一顾，它只吃自己捕获的活生生的猎物，中心的工作人员只有将活蹦乱跳的羚羊扔进它的笼子，它才会进食。

对于与众不同的莲娜，阿加西的兴趣越来越大。它们隔着笼子，很快就开始温柔地摩擦对方的鼻子，感情急剧升温。

当中心将阿加西和莲娜合笼之后，两头猎豹很快缠绵到了一起，它们同起同宿，一起在中心宽广的活动场地上奔跑、嬉戏……很快就度过了半个月的快乐时光。

这天清晨，当阿加西从睡梦中醒来，下意识地去摩擦身边温暖的身躯时，却发现莲娜不在了！昨夜，工作人员已经悄悄麻醉了它们，将它们分笼了，因为莲娜已经怀孕，阿加西应该去与别的母豹交配了。

为了保证繁殖数量，动物学家们决定对阿加西实行人工取精。很快，阿加西的精液使中心的12头母猎豹怀孕了，加上莲娜，一共是13头母猎豹。可是，阿加西根本不知道发生了什么事情，依旧一往情深地等待着与莲娜重聚的日子。

六个月后，莲娜生下了一头健康的小猎豹安西，条纹状的斑纹在阳光下熠熠生辉，莲娜爱怜地舔舐着安西，就像以往阿加西舔舐自己一样。它以为，自己产下的是阿加西独一无二的后代。

可是，随着隔壁笼子的母猎豹们接二连三地产仔，莲娜的心被一次又一次地撕裂了——所有母猎豹产下的全都是披着漂亮条纹状皮毛的小猎豹，然而中心只有阿加西有这样的遗传能力，难道阿加西对自己不忠？

与此同时，阿加西也被这突如其来的情况搞得无所适从，它做梦也没想到自己忽然会成为众多新生小猎豹的父亲。它不知道莲娜看到这种情形会如何想，它自己也无法解释为何这些刚出生的小猎豹身上都带着毋庸置疑的自己的遗传基因。

在这样的惊恐中，莲娜终于带着安西回到了阿加西独居的笼子。阿加西压抑着自己的狂喜，怯怯地一点一点地向莲娜靠近，莲娜一动不动，冷冷地盯着阿加西，仿佛它是一个素昧平生的陌路人。

阿加西的热情在一点一点消退，它知道，莲娜已经完全误解了自己，可是自己都不知道该怎样解释这荒唐的局面。它闷闷不乐地低下头，趴在地上，再也不敢看莲娜一眼，心里是无尽的委屈与郁闷。

忽然，耳边传来一声凄厉的惨叫，莲娜咬住安西的脖子往地面上死命摔打。它不能容忍自己的爱情结晶只是花心丈夫众多遗珠中可有可无的一个，要得到就得到唯一的，要不，就索性不要！阿加西目瞪口呆地看着自己牵肠挂肚的孩子惨叫着被它的亲生母亲结束了生命，它的心被撕碎成一片一片……

当动物学家们赶来的时候，一切都已经晚了。莲娜木然地缩在笼子的一隅，眼中是一片空洞和绝望，油亮的毛皮瞬间变得干枯灰暗，仿佛变成了一具只有躯壳的标本。阿加西小声呜咽着，轻轻舔舐着还未和自己亲近过的安西，一下一下地舔舐在安西的身上，湿漉漉的，不知是口水还是泪水。

鉴于莲娜的伤害性举动，中心不敢再收容它，在被麻醉后，莲娜被放归了自然。

失去莲娜的阿加西很快失去了以往英姿勃勃的模样，变得颓废而憔悴，并且无心打理自己引以为傲的皮毛。枯草、泥土、食物残渣在它的皮毛上恣意缠绕，它也不再威风凛凛地巡视自己的领地，甚至不再进食了。

束手无策的动物学家只好在将它麻醉后，把它也放归了克鲁帕草原。阿加西蹒跚在曾经意气风发的草原上，忽然，它嗅到一股熟悉的味道——是莲娜。阿加西发疯般地冲过去，迎接它的却是莲娜已经枯槁的尸体。自从亲手杀死了自己的孩子后，莲娜就没打算活下去，它是饿死的，绝食而死！

　　阿加西长啸一声，温柔地嗅嗅莲娜的尸体，与莲娜并排趴在一起，再也没有人能把它们分开，也没人能勉强它们了。

　　也许在天堂那梦想的国度里，它们可以在云彩间开心地追逐嬉戏。

梦想传承

　　莲娜亲手杀死了自己的孩子后，也绝食而死。阿加西被放归了克鲁帕草原，看到的却是莲娜已经枯槁的尸体。阿加西与莲娜并排趴在一起，在天堂那梦想的国度里，它们可以在云彩间开心地追逐嬉戏。没有人能把它们分开，也没人能勉强它们了。

让想飞的梦想成真 ▶▶▶

用助学捐款带孩子们走出大山，看一看霓虹灯和车流，孩子们的心便会有了梦。

多年前，一位年轻的教师来到一所山村小学任教。这是一个远离城镇的山村，村民们极少走出大山。因为贫穷，这里的孩子一般只读上几年书，很少有人读到初中，更不要说读高中、上大学，年轻的老师决心改变这一现状。他经过调查发现，这不仅仅是因为贫穷的问题，更重要的是意识的问题，他有了自己的打算。

有一年，学校得到一笔助学捐款，乡教委一再叮嘱老师们要将款项用在刀刃上，用到改善办学条件上。

可是这位年轻老师拿到捐款后，却没有用到"实处"，在其他班级纷纷用捐款增添教学工具、购买图书之时，他用这点不多的钱将全班十几名学生，带到南方一个城市转了一圈。钱不够，

他们睡车站、啃馒头，让孩子们第一次走出山旮旯，让孩子看一看闪烁的霓虹灯、不息的车流、拔地的高楼，亲身感受外面广阔的世界。

年轻的老师回来后，受到方方面面的指责，说他是借学生之名去旅游，有的甚至说他贪污了捐款，乡教委也严厉地批评了他，并责令他写出检查。

面对指责，他似乎早有心理准备，他在检查中写道：我们的山村太穷了，要改变这种面貌，只有让村民们走出大山，尤其要让孩子们走出大山。而要让孩子们能走出大山，只有让他们首先知道山外有多么美好的一个世界。

一年后，年轻老师所教班级的十几名学生参加中考，结果全部考取了初中，有的还上了县城重点中学，这在山区学校是绝无仅有的。

十几年后，这些学生学有所成，有的当了公务员，有的当了老师，有的从事科研，有的则当了老板，他们相约来到当年的年轻老师家中拜访恩师，千言万语离不开感谢老师当年冒着风险把他们奢侈地带到大都市去感受一番，让他们在幼小的心灵里树立了冲出大山的梦想，从此有了想飞的感觉，才会有今天的成就。

望着眼前这群昔日的孩子，老师动情地说："这就对了，我始终相信没有白带你们出去一趟，我当年被批评一顿真的值得，当年指责我的人现在也该理解我的良苦用心了吧！"

梦想传承

这位老师做了一件冒天下之大不韪的事，但这件事，对于孩子却至关重要。人是需要有梦想的，它是人生奋斗的动力和源泉，是一切努力的方向。但梦想的花不是虚构出来的，也不是靠空洞的说教说出来的，最重要的是要靠亲身感受激发出来的。

虽然梦想与现实存在距离，但只要志向不干涸、追求不枯萎、信念不凋谢，人就会以积极的心态在不懈努力的坚持中抵达儿时梦想的场所，让放飞的梦想成真。梦想，需要去探索，当你找到梦想时，你就踏上了成功之路的第一步。

只差一声鸡鸣 ▶▶▶

人们是怎样从米的白、高粱的红、葡萄的紫里发现了酒的透明与清醇呢?

传说有两个人与神仙邂逅，神仙传授他们酿酒之法，叫他们选端阳那天饱满的米和冰雪初融时高山流泉的水一起调和了，注入深幽无人处千年紫砂土铸成的陶瓮，再用初夏第一张看见朝阳的新荷覆盖扎紧，密闭七七四十九天，直到鸡叫三遍后方可启封。

像每一个传说里的英雄一样，他们历尽千辛万苦，找齐了所有的材料，连同梦想一起调和、密封，然后潜心等待那个时刻。

多么漫长的等待啊。第四十九天到了，两人整夜都不能寐，等着鸡鸣的声音。远远地，传来了第一声鸡鸣，过了很久，依稀响起了第二声。第三遍鸡鸣到底什么时候才会来?其中一个再也忍不住了，他打开了他的陶瓮，惊呆了，里面的一汪水，像醋一样酸。大错已经铸成，不可挽回，他失望地把它洒在了地上。

而另外一个，虽然也是按捺不住想要伸手，却还是咬着牙，坚持到了三遍鸡鸣响彻天光。

多么甘甜清澈的酒啊！只是多等了一刻而已。从此，"酒"与"洒"的区别，就只在那看似非常普通的一横。

看看我们身边的许多成功者，他们与失败者的区别，往往不是机遇或是更聪明的头脑，只在于成功者多坚持了一刻。有时是一年，有时是一天，有时，仅仅只是一遍鸡鸣而已。

梦想传承　　只要你的心中有酿酒的信念，你就不会只差一声鸡鸣就打开酒坛。就像文中的两个人，为什么一个成功，另一个失败，就是因为失败的人信念不够坚定，对自己的目标不够执着。成功不在于你多聪明，因为聪明只是少数人的天赋。成功的人需要执着，你的面前是一座大山，挡住你脚步的其实是你自己的脚。

生命的箱子 ▶▶▶

一只箱子之所以能够换得比金子还重要的东西，是因为这里承载着信念。

在一片茂密的丛林里，四个瘦得皮包骨头般的男子扛着一只沉重的箱子，踉踉跄跄地往前走。这四个人是跟队长进入丛林探险的。不幸队长得病而长眠在丛林中。

这个箱子是队长在临死前亲手制作的，四个人谁也不知道里面是什么东西。队长对四个人说："我要你们向我保证，一步也不离开这只箱子。如果你们把箱子送到我朋友麦教授手里，你们将分到比金子还要贵重的东西。我想你们会送到的，我也向你们保证，比金子还要贵重的东西，你们一定能得到。"

密林的路越来越难走，箱子也越来越沉重，四个人的力气却越来越小了。他们在泥潭中挣扎着。有几次他们都要放弃那只箱子了，但是，想到箱子里面有比金子还贵重的东西时，他们又振奋精神前行。这只箱子在撑着这四个人，否则他们就全倒下了。

在最艰难的时候，他们想着那比金子还重要的东西……

终于有一天，四个人经过千辛万苦终于走出了丛林。他们急忙找到麦教授，迫不及待地问起应得的报酬。而教授说："我什么也没有，或许箱子里有什么宝贝吧！"

于是当着四个人的面，教授打开了箱子，大家一看，都傻了眼，满满一堆乱石。"这开的是什么玩笑？"第一个人说。"屁钱都不值。"第二个人吼道。"我们上当了！"第三个人愤怒地嚷着。此刻，只有第四个人站起来，对伙伴们大声说："你们不要再抱怨了。我们得到了比金子还贵重的东西。"众人忙问是什么？第四个人说："是生命和信念。"

梦想传承

信念是人的一根救生索。有了信念的支撑，才让探险队员走出丛林，获得比金子还宝贵的生命。

如果你每天的学习只是为了应付别人，而不是作为自己成长的第一步来踏实地走。那么你就是没有背负信念的探险者，在人生的丛林中，你的坚持是很累的。但如果你拥有梦想和信念，你就会觉得学习的苦与孤独都是自己成就未来的准备。所以，最重要的是你的心中是否有一个坚定的信念，这样你的奋斗才会更有价值。

心存希望就能战胜一切 ▶▶▶

在剥夺生命的洪流中，一根老树杈就是生命的希望。

鲍勃·摩尔在参加哈佛大学的招生考试时，列入考试的五门功课中，竟然有三门功课不及格，因此没有能够顺利地进入到这所世界著名的大学深造。

用中国考生的话说就是他考砸了。在那段高考落榜、赋闲在家的日子里，鲍勃·摩尔感到非常自卑，常常将自己独自关在黑屋子里，怨天尤人，唉声叹气。

这年夏天，鲍勃·摩尔的家乡接连下了一个多月的暴雨，没过多久，山洪终于暴发了。鲍勃·摩尔不幸被滚滚的山洪卷进了咆哮的河流。在浊浪翻滚的河水中，他像一片轻飘飘的树叶一样被抛来甩去，生命危在旦夕。这个时候，他多么想抓住一样能够拯救生命的东西，哪怕是一块木板、一根芦苇也好。然而，湍急的洪水中除了翻卷的泥沙，他什么也抓不到。他心中暗想，这回算是完了，没有救了。也罢，人生在世，总有一死，死就死吧！

他的这个念头刚一冒出来，便立刻犹如散了架一般浑身乏力，四肢酸软，再没有一点挣扎的力气。整个人都随着汹涌的波涛在沉沦，在漂浮。

就在鲍勃·摩尔万念俱灰，最后一丝生的希望也即将被死神抽走的时候，脑袋突然被洪水中滚动的石块给碰了一下，骤然的疼痛使他突然清醒过来。刹那间，他突然想起去年夏天与朋友在这条河中漂流探险时，曾在这条河的下游遇到过一棵粗壮的老树，老树有一个粗大的枝丫，正好斜长着横贴在水面上。只要能够抓住这根树杈，他就能保住自己的生命。一想到这里，他的心中顿时充满了希望，一有了希望，浑身上下顿时力气倍增，心也不慌了，僵硬的四肢也变得灵活了。

鲍勃·摩尔心中默念着那棵救命的老树，在洪水中顽强地坚持着，拼命地挣扎着。历尽艰险，他终于游到了那棵老树跟前。但是，当他拼命地抱住伸向河面的树杈时，谁知那根树杈早已经枯朽，使劲一拽，便"咔嚓"一声断为两截。鲍勃·摩尔只好紧抱着断落的树杈，继续随水漂流。刚漂出没有多远，就被河边经过的抢险队员搭救上岸。 事后，鲍勃·摩尔说，要是他早知道那根树杈是枯朽的，他兴许就不可能坚持游到那儿了。

得知这次事故后，远在英国的父亲打电话给鲍勃·摩尔：你瞧，连死神都害怕希望呢！只要你的心中还有希望，那么，再大的困难，再大的挫折你都能够战胜。你想，既然你已经通过了两门考试，那就一定能够通过更多的考试。记住，哈佛大学就是你生命下游的那棵紧贴河面生长的"大树"。

鲍勃·摩尔心中豁然开朗。于是，他重新回到学校，走进了教室，拿起了课本，并最终以优异的成绩进入了哈佛大学，成为哈佛大学自开办动机激励教育学科以来最出色的学员之一。

后来，鲍勃·摩尔的代表作《你也能当总统》一书，鼓舞了成千上万的奋斗者，使他们由一个个平凡甚至平庸的无名之辈，最终变成了万人瞩目的社会名流。

鲍勃·摩尔说："你可以失败一百次，但你必须一百零一次燃起希望的火焰。"

梦想传承

当人生遇到困顿时，拯救自己的最好办法就是找到生活的希望。鲍勃洪水中漂浮时，他的希望就是找到那棵"大树"。而最后，正是这棵已经枯朽的老树给了鲍勃生的机会。

人之所以能够坚强、勇敢，很大程度上取决于内心是否存在着梦想。梦想就像是一盏路灯，指引着前行的道路。

不甘为蛹 ▶▶▶

我经历过挣扎和痛苦，终于等来化茧成蝶的一天！

在我上高中以前，一切都是那么美好。我的成绩永远保持年级第一，我是老师的宠儿，我心安理得地享受着一个优等生的待遇。

可是这一切，都在我上高中时被打破了。中考过后，我考上了一所非常著名的高中，那里高手如林，聚集了这个城市最优秀的学生。而我，只不过是大海中一滴平凡的海水。

在寝室里，我更是觉得自己简单渺小微不足道。我们寝室住着7个女孩儿，另外6个女孩儿头一次让我感受到原来一个女孩子可以这样美好。大姐长相甜美，温和亲切，几乎班里所有的人都喜欢她；二姐个子高高，长发飘飘，聪明伶俐，好多男生的物理成绩都败在她之下；三姐活泼可爱，能歌善舞，班里很多男生都暗暗地喜欢着她；四姐喜欢运动、唱歌、辩论，样样厉害，多才多艺；六妹气质飘逸，写得一手好文章，还会填词，一笑两个酒窝不知迷倒了多少男孩儿；七妹白皙秀丽，身材苗条，学习成绩非常好。相比之下，我这个老五可就相形见绌了。个子不高，还剪着短头发，像个男孩儿，一点儿没有女孩儿的那种温柔，不善言辞的我整天坐在课桌旁，日复一日地学习，可成绩却并不理想，感觉自己像一个"丑小鸭"。

高二文理分科那天，全班同学到旱冰城去滑旱冰。体育委员对大家说，最好一个男生带一个女生。那是我第一次滑旱冰，脚蹬旱冰鞋，站都站不稳，可没有一个男生选择带我滑。耳旁是肆虐的音乐，灯光忽明忽暗，我一个人孤零零地站在那儿，心里充满了无助和孤单，大滴的眼泪夺眶而出。 我强忍着眼泪，心一横，手扶着围栏，一步一步往前挪。一队队长龙在我身旁呼啸而过，在光怪陆离的灯光下，我看到他们一张张兴奋的脸，我能感觉到他们的快乐，他们的青春飞扬。可这一切，都不属于我，我只不过是一只"丑小鸭"。

我蹒跚着向前慢慢滑，那天旱冰城内人很多，那些技术精湛的人，或正滑，或倒滑，或串龙，都是呼啸而过。瘦小的我一次次被撞倒，膝盖摔得生疼。那一夜，我不知掉了多少眼泪，那颗受伤的心现在想起来还会隐隐作痛。

回学校的路上，我一言不发，心里却暗暗发誓，一定要考上一所好大学。以后的日子，我沉默着，努力着，就为了接近、到达我的梦想。日子过得真快，转眼高考结束了，我的高中时代就这样结束了，好像灰色调是它全部的写照。

在大学里，我努力使自己变得快乐。我参加了校园广播站；

我去英语角和别人聊天；我往校报投稿；我参加校内的英语演讲比赛……我好像蝴蝶一般穿梭在校园的各个角落，努力把生活变得丰富多彩。心情变了，人也开朗了许多，我从来没有发现自己如此爱笑，也从来没有发现世界竟是这么美好。我把头发留长了，终于不再像个男孩子了，我让头发肆意地披在肩上，我喜欢微风拂过头发的那种感觉。

我的生日到了，我收到了15份生日礼物，其中11份都是男生送的，我不由得感慨万千。我一件一件地拆看，有可爱的小绒熊，有八音盒，有相架，还有我喜欢的书。轻轻打开一张生日卡片，上面写着："19年前，上帝身旁的一位天使来到了人间；19年后的今天，她就坐在我的身旁，并把天使般的笑容带给了我，

愿她永远保持这份笑容，还有这颗水晶般的心。"那一瞬间，我的泪不争气地涌了出来。我一遍遍地问自己，我真的有那么好吗？可是除了感动和欣慰，我还能说什么？我清楚地知道，我胜利了，我战胜了自我。从前的我只是一只蛹，而如今蜕变成金色的蝴蝶了。

又过了不久，也就是在大二刚开始的时候，我心仪的一位高高大大、英俊挺拔的男孩儿，很正式地对我说他喜欢我。当我问他为什么会选择我时，他深情地看着我说："你活泼，可爱，浪漫，有才华，难道这些还不够吗？"

我终于明白，每只在花丛中飞舞的美丽的蝴蝶，都有一段只属于自己的黑暗。在挣扎和阵痛过后，都会是酣畅淋漓、脱胎换骨地振翅蓝天！

梦想传承

人应当向着美丽的未来去想象，只有崇高的理想才能引导自己前进。

能不能化茧成蝶的决定权在我们自己的手中，只要我们有足够的勇气冲破蛹的包裹，成为飞舞的美丽的蝴蝶梦就会由梦想成为现实！

无畏的希望 ▶▶▶

有梦，才有方向。当你的梦想超越了现实的苦难，你最终获得的必定是勇往直前的勇气。

在 2004年，奥巴马在美国民主党代表大会上发表了名为"无畏的希望"的演讲。令人意想不到的是，因为这次演讲，从此让他声名鹊起，并为他今后当选总统铺平了道路。奥巴马深情地回忆道：是一幅画改变了他的生活，也就是看了这幅画让他立志去竞选美国总统，去改变美国，改变自己的人生。

是一幅什么样的画这样深深地打动了奥巴马，让他立志走上了竞选美国总统的道路呢？奥巴马当选美国总统后，人们发现，曾深深地打动奥巴马的那幅画，是由英国画家乔治·弗雷德克·瓦兹创作的：画面上，一个年轻女子坐在象征着世界的地球上面，身体向前倾斜，低垂着头，眼睛被蒙上绷带，手里弹拨着仅剩下一根弦的古希腊七弦琴，并俯首倾听这根弦发出的微弱的乐曲音。画家的意图是表现人类直到最后也不能丧失希望。

奥巴马饱含深情地说道："虽然这名女子身上有着伤痛和血迹，穿着破烂不堪，七弦琴也只剩下一根弦，但仍有希望。虽然世界被战争撕裂；虽然世界被仇恨摧残；虽然世界被猜疑蹂躏；虽然世界被疾病惩罚；虽然这个世界上充满了饥饿和贪婪；虽然她的七弦琴被毁得只剩下一根琴弦，但这名女子仍有无畏的希望，她用那仅存的一根琴弦，去弹奏音乐，去赞美世界。"

奥巴马将这幅画看作是他人生的转折点。在他的一生中，从来没有其他艺术作品能像这幅画那样，对他产生如此巨大的影响。奥巴马认为：一个人在任何情况下，即使出身卑微、肤色不同，也要无所畏惧，都不能失去无畏的希望，哪怕是生命中只剩下一根琴弦，也要努力地去弹奏出最动听的音乐，去赞美世界，赞美人生。因为，只要有生命，就会有希望，就会有着勇往直前的无畏希望。

梦想传承

　　一幅画，让原本平凡的美国青年，走向了拯救世界的高度。这幅画给他的，是一种希望，是一种在整个世界都被蹂躏时，依然坚守的希望。只有这样的梦，才能够在人的心中构建出美好的未来，才能够激励一个人奋勇向前。当你面对现实的残酷时，你依然在赞美自己的生活，依然充满希望，你的前方必定是美好的未来。

　　在自己的志向的注解中，加上无畏，你制定的梦想就将是一个可能完成的目标，你的未来也将是可以看得见的成功。

十年以后你会怎样 ▶▶▶

一个关于十年的追问，便是对人生的思考。

女孩十八岁之前，是个自己想要什么都不知道的人，直到1993年的一天，教她专业课的赵老师突然找她谈话，老师问："你能告诉我，你未来的打算吗？"女孩一下子就愣住了。她不明白老师怎么突然问她如此严肃的问题，更不知道该怎样回答。

老师又接着问她："现在的生活你满意吗？"她摇摇头。老师笑了："不满意的话证明你还有救。你现在想想，十年以后你会怎样？"

老师的话很轻，但是落在她心里变得很沉重。她脑海里顿时开始风起云涌。沉默许久后，她说："我希望十年以后自己能成为最好的女演员，同时可以发行一张属于自己的音乐专辑。"

老师问她："你确定了吗？"她慢慢咬紧嘴唇："是。"而且拉了很久的音。"好，既然你确定了，我们就把这个目标倒着算回来。十年以后你二十八岁，那时你是一个红透半边天的大明星，同时出了一张专辑。""那么，你二十七岁的时候，除了接拍各种名导演的戏以外，一定还要有一个完整的音乐作品，可以拿给很多很多的唱片公司听，对不对？""二十五岁的时候，在演艺事业上你要不断进行学习和思考。另外，你还要有很棒的音乐作品开始录制了。""二十三岁，你必须接受各种各样的培训和训练，包括音乐上和肢体上的。""二十岁的时候开始作曲、作词，并在演戏方面要接拍大一点的角色……"

老师的话说得很轻松，但是她感到了一种恐惧。这样推算下来，她应该马上着手为自己的理想做准备了。她发现自己整个人都觉醒了。从那时起，她就始终记得：十年后自己要做最成功的明星。所以，毕业后，她对角色开始很认真地筛选。渐渐地，她被大家接受了，她慢慢地实现了自己当年的梦想。这个女孩就是如今红遍全国、驰名中外的影视歌三栖明星周迅。

梦想传承

在老师追问她十年以后会怎样时，周迅产生了恐惧感。在这种恐惧感的激励下，周迅体会到了危机，找到了动力，这就是目标的重要。

真正的梦想是人类对人生的一种期望，它推动人类去实践它。梦想来自我们的心境，而不是外在的华丽，实践就是成就梦想最好的朋友，一个人有了梦想，就要给自己定一个目标，然后努力去实现这个梦想，只要坚持到底，梦想是可以实现的。

健康的心灵可以成全一切 ▶▶▶

战胜自己，终有一天，你会扇动着梦想的翅膀，飞翔在蔚蓝的天空！

房灵玉是一个穷人家的女孩，小时候患有脑瘤，手术后落下了后遗症，走路明显和其他孩子不同，有点摆晃不稳，上学后脑子也没有别的孩子灵光。家里人对她都不抱什么希望，只要她能平平安安活下去，饿不死、冻不伤就是不幸中的万幸了。

但她本人很乐观，好像一直不认为自己与别的孩子有什么不同，所有事情她都尽力去做，不管成败都是笑嘻嘻的。还有一点很突出，她喜欢往深处想事情，想不透就反复去想；想透了就去做，非常有主见。十四岁那年暑假，她去了省城姨妈家，姨妈家四世同堂，有七个孩子，有比她大的、有比她小的，都很娇贵，家里又脏又乱，请了保姆也没多大用处。她闲不住，没过几天，姨妈家里就变了个样子。就在姨妈夸她时，她有了个想法：城里人其实很笨，好像啥都不会，凭什么比乡下人过得好？乡下人最勤劳灵巧的双手难道真的不值钱吗？

回家后，那个想法就丢不掉了，她想：如果在城里，自己完全可以用手脚闯出一番天地来，比如当保姆，等有名气了，然后开保姆公司。她把这个想法笑嘻嘻地说给妈妈听，妈妈没吭声，却偷偷落泪——什么都不如人的孩子，却有这么大的梦想，注定是一生伤痛啊！

1998年，十六岁的灵玉辍学了。家里太穷，她又有残疾，无法通过学业这条道路去成就什么事业，不过这正好给了她一个机会——把自己想到的，用双手去实现。

1998年9月，灵玉通过职介所找了份保姆的活儿——一个五口之家的全盘家务：洗衣、做饭、保洁。月工资只有300元，这是个穷人家，无奈才雇用她。可她的想法并不局限于此，她不仅是为了工资，她还想有意识地拓展自己的所能与见识，把城里家庭的所有活儿干好、干精，干出让主人惊奇的花样来。第二个月，她已经熟练掌握了家里所有设施及工具的使用，并在时间上有了最科学的安排，而且开始创新，比如为不同地板和墙壁制作最适合的保洁工具，废物利用省时省力，女主人感动地亲了她一口，并主动为她加了100元工资。

干了一年，她找了个借口辞去了这家的保姆工作，但她还是去职介所找保姆工作，只不过有了选择，要与上一个家庭环境有所不同才干。到2002年，她换了11个家庭，从普通人家干到了公寓别墅，每离开一家，主人家都会舍不得，因为她干得太好了。2002年春天，她又朝自己的既定目标跨出了一步，到一家保洁公司应聘，被录取了。这时的她，已经决心开保洁公司了，她知道这座城市的保洁工作才是她真正的广阔天地，而现有的所有保洁公司都不大景气，其内因是公司雇员手脚灵活度和心思上的欠缺，而这个恰恰是她的长处。

到了保洁公司后，她不是为了打工而是学做老板，熟悉这种公司的所有管理项目以及方方面面，包括业务方面上上下下的关系网。刚开始，她的具体工作是招聘保洁人员，不到三个月，老板就发现她是一个全才，是一个能用心灵和双手感动所有客户的全才，三次给她加薪，过了半年，她被任命为业务经理。

为了良心，她全心全力为公司干了两年。2004年8月，她正式辞职，先回了一趟家。她十四岁时的梦想就要实现了。她在家两个月，走村串乡，公司还没办起来，她就先招工了，共找了八个人，四男四女，都是勤劳善良、手脚灵便的穷家孩子。

再回城，她当天就承接了一家倒闭转让的小区家政公司，改名为心手保洁公司。十五天内，她和十七家公私企业及五十九个家庭签订了定点定时的保洁合同，这些单位和家庭早就是她的"朋友"了。八名职员到位就全部上岗，开业当天收入490元。

她深知这个行业在管理和服务上存在的缺陷，对每个缺陷她都有弥补的高招。她为每一个保洁项目都制定了详细的必达标准，具体到手脚动作的程序和力度，每天的完成项目她都要一一检查，就算主人家满意，只要不合她的标准，她就会自己再干一遍，算是现场培训。

房灵玉，患有脑疾的"笨"女孩，而且对现代都市许多陌生部门的见识几乎为零。但她可以从干保姆的手脚动作中获得做大

老板的大智慧。到2009年10月，她的保洁公司已有员工129名，资金上千万，业务囊括了清洗、保洁、水电管道安装、家政服务、涂饰装修等多种项目，已是全城最大的保洁公司。

黑板报：让梦想在这里起飞

【黑板报主题】让梦想在这里起飞

【黑板报内容】

1. 梦想之歌——我的未来不是梦

   你是不是像我在太阳下低头

   流着汗水默默辛苦地工作

   你是不是像我就算受了冷漠

   也不放弃自己想要的生活

   你是不是像我整天忙着追求

   追求一种意想不到的温柔

   你是不是像我曾经茫然失措

   一次一次徘徊在十字街头

   因为我不在乎别人怎么说

   我从来没有忘记我

   对自己的承诺对爱的执著

   我知道我的未来不是梦

   我认真地过每一分钟

   我的未来不是梦

   我的心跟着希望在动

2. 梦想小故事

为中华之崛起而读书

周恩来在少年时期离开故乡江苏淮安，来到东关模范学校读书。这一天，魏校长亲自为学生上修身课，题目是"立命"。当时正是中国社会发生剧烈变动的时期。校长讲"立命"，就是给学生讲怎样立志。魏校长讲到精彩处突然停顿下来。问道："诸生为何读书啊？"当时，有人回答："为名利而读书。"还有人回答："为做官而读书。"而当时的学生周恩来却响亮地回答："为中华之崛起而读书！"魏校长赞叹道："有志者，当效周生啊！"当时，周恩来年仅12岁。

一句响亮的誓言，一个远大的志向，激励着我们敬爱的总理为之奋斗了一生。他为了民族的独立、国家的振兴鞠躬尽瘁，死而后已，正是由于这种伟大梦想的导引。

3. 美文欣赏

我有一个梦想（节选）

——马丁·路德·金

我梦想有一天，这个国家会站立起来，真正实现其信条的真谛："我们认为这些真理是不言而喻的；人人生而平等。"

我梦想有一天，在佐治亚的红山上，昔日奴隶的儿子将能够和昔日奴隶主的儿子坐在一起，共叙兄弟情谊。

我梦想有一天，甚至连密西西比州这个正义匿迹，压迫成风，如同沙漠般的地方，也将变成自由和正义的绿洲。

我梦想有一天，我的四个孩子将在一个不是以他们的肤色，而是以他们的品格优劣来评判他们的国度里生活。

我今天有一个梦想。

我梦想有一天，阿拉巴马州能够有所转变，尽管该州州长现在仍然满口异议，反对联邦法令，但有着一日，那里的黑人男孩和女孩将能够与白人男孩和女孩情同骨肉，携手并进。

我今天有一个梦想。

我梦想有一天，幽谷上升，高山下降，坎坷曲折之路成坦途，圣光披露，满照人间。

这就是我们的希望。我怀着这种信念回到南方。有了这个信念，我们将能从绝望之岭劈出一块希望之石。有了这个信念，我们将能把这个国家刺耳的争吵声，改变成为一支洋溢手足之情的优美交响曲。有了这个信念，我们将能一起工作，一起祈祷，一起斗争，一起坐牢，一起维护自由；因为我们知道，终有一天，我们是会自由的。

在自由到来的那一天，上帝的所有儿女们将以新的含义高唱这支歌："我的祖国，美丽的自由之乡，我为您歌唱。您是父辈逝去的地方，您是最初移民的骄傲，让自由之声响彻每个山冈。"

如果美国要成为一个伟大的国家，这个梦想必须实现。让自由的钟声从新罕布什尔州的巍峨峰巅响起来！让自由的钟声从纽约州的崇山峻岭响起来！让自由的钟声从宾夕法尼亚州阿勒格尼山的顶峰响起来！让自由的钟声从科罗拉多州冰雪覆盖的落基山响起来！让自由的钟声从加利福尼亚州蜿蜒的群峰响起来！不仅如此，还要让自由的钟声从佐治亚州的石岭响起来！让自由的钟声从田纳西州的瞭望山响起来！让自由的钟声从密西西比州的每一座丘陵响起来！让自由的钟声从每一片山坡响起来。

当我们让自由钟声响起来，让自由钟声从每一个大小村庄、每一个州和每一个城市响起来时，我们将能够加速这一天的到来，那时，上帝的所有儿女，黑人和白人，犹太人和非犹太人，新教徒和天主教徒，都将手携手，合唱一首古老的黑人灵歌："终于自由啦！终于自由啦！感谢全能的上帝，我们终于自由啦！"

Dream juvenile
第二章／别让时间消磨了你

　　看着自己的梦想一个一个破灭也是一种体验，成长的体验，因为我们始终相信自己还会有新的梦想。我们不要气泡，尽管它也带着我们的梦想在飞翔。我们要的是一对坚挺的翅膀，一对能带着我们的梦尽情翱翔于无尽天空的翅膀，因为我们知道，只有一对有力的翅膀才能让我们飞得更高、更远，才能让我们飞得更好。也许我们曾经奢望过的梦想可以在一瞬间实现，但我们会渐渐明白，梦不是一瞬间可以"做"出来的，梦是用自己的心去慢慢编织的，是用自己的汗水去浇灌的，是用自己的毅力去支撑的。

猫的孤单梦想 ▶▶▶

那只老猫最终也没有实现它的梦想，它带着它的梦想孤独地死去了。

不是只有人才害怕寂寞的，只要是生命，只要活着，都免不了受到寂寞的摧残！

那是在两年前的圣诞节前夕，关于一只老猫的悲伤故事。旅居加拿大的本租住在一个离婚独居的德国男子杜力家二楼的小房间里。从一开始，本就发现杜力是一个孤独的男人，陪伴他的只有一只猫和一个常来拜访他看起来像是流浪汉的朋友，要不就是他离婚多年的妻子偶尔带着他们五岁的小女儿来看他。杜力真的是一个很孤独的人……

故事的主角是那只老得快走不动的老猫。杜力告诉本，老猫大概有二十多岁了。本从不知道猫可以活那么老，稀疏的黄毛裹着老猫瘦弱的身体，就像一个九十多岁的老太婆，连走路也觉得力不从心。

房东杜力准备要到温哥华与父母过圣诞节，临行前他拜托本照顾那只老猫，本答应了，因为那不过是举手之劳罢了。

　　第二天晚上，那只老猫一反常态地出现在本的房门外，本打开门时被它吓了一跳：只见它垂着眼睑，安静地坐在那儿。本猜想它大概是被自己房里电视的声音吸引来的吧！

　　你也懂得寂寞？本问它。

　　老猫没回答本，本想它是听不懂人的话的。本打开房门，任它悄悄走进自己的房间，坐在自己旁边，陪自己看了一整晚的电视。本觉得老猫像个迟暮老人，也许它的梦想只是简单地想被人关心、被人注意，它渴望世界有点声音，不要只是令人喘不过气来的黑暗和死寂……

　　第三天本过敏了，全身痒得不得了，本想这应该是老猫的关系，因为本对猫毛过敏。不得已，本狠下心把老猫赶出房间，可是老猫不愿就此离开，竟趁本不注意时偷偷地溜进本的浴缸，怎么赶也赶不走，害得本每次进浴室都被它吓一跳，加上过敏，本真是苦不堪言。

　　于是本心生一计，跑下楼将房东杜力的电视打开，并大声叫老猫下来吃饭，果然它一跛一跛地跑下楼，这时本趁机用纸箱把楼梯高高地围了起来，才暂时解决了麻烦。

　　接下来的几天，老猫尝试要跳过纸箱上楼，可是年迈的它实在跳不高，几次之后它终于颓然放弃，本也松了口气。杜力房间的电视本一刻都不敢关，因为他想如果有声音陪伴着老猫的话应该就没问题了吧！

　　圣诞夜，本到朋友家过了一个愉快的圣诞派对。直到回到漆黑的家，看到客厅闪烁着电视的微光，他才突然想起那只孤单的老猫。

"凯蒂！"本轻声呼唤着老猫的名字，并开了一罐猫食罐头准备喂它。半晌，老猫蹒跚地出现了，本心疼地蹲下身来摸摸它的头，责怪自己为何不陪伴它，它不像本有许多朋友，可怜的老猫只有自己。

圣诞节过后，老猫不见了。当本发现老猫的食物和水好几天都没有动过时，他开始急了。他找遍了所有能找的地方，但不管怎么叫怎么找，老猫都不再出现，它像是从房子里蒸发了一样。

本哭着打电话给远在温哥华的杜力，杜力紧急联络到他住在附近的前妻过来看看。那天本很晚才到家，家里的灯亮着，开门的是杜力的前妻。她操着一口德国腔的英语悲伤地告诉本，今天下午她在地下室的一角找到了僵硬的老猫，它在好几天前就已经死去了。

本呆了，他不敢相信自己的耳朵。

"它老了，走得很安详，没有痛苦……"她哽咽地告诉本，她已经把老猫葬在庭院中了。

那晚，本流着泪久久无法入眠，本觉得是自己害死了老猫，要不是自己狠心地不理它，任它在黑暗中孤独地度过好几个漫漫长夜，它应该不会这么早走的！这一切都是自己的错。

那只老猫不过是梦想着有一点点温暖，但是没有人愿意给它温暖，它只能孤独老去。

几年后的今天，每当本想起这件陈年往事时就告诉自己，要温柔地对待每一个生命，因为它们都有心，都需要爱与关怀，都知道寂寞的滋味！

　　不要以为猫喜欢孤独，不要以为猫没有梦想。曾经有一只老猫，因为失去了梦想的温暖，最终寂寞地死去了。

一条拒绝沉没的船 ▶▶▶

米基·洛克就像是一条拒绝沉没的船，勇敢而执着。

他还很小的时候，父母就离异了。他常常被别的孩子一次次打倒在地，不甘受欺负的他迷恋上了拳击，骨子里的硬气，激励他成为像拳王阿里那样的传奇英雄。

高中毕业以后，他踏上了职业拳击手之路。不服输的他曾在拳击手生涯里创下5年内17次击倒对手的骄人战绩。但在1971年的一场拳击比赛中，他的脑部受到了对手的致命重创。无可奈何，他含泪告别了拳坛。

身无分文的他只身来到纽约，抱着试试看的想法，参加了一个演员培训班，白天靠打工维持生计，晚上拼命学习表演。默默地跑了足足7年龙套之后，1979年，23岁的他得到了一个宝贵的机会，在大导演斯蒂芬·斯皮尔伯格执导的《1941》中充当了一个小角色，踏入了好莱坞之门。就这样，他一步步走出困厄。

1983年，他可谓"春风得意马蹄疾，一日看尽长安花"，主演了电影《局外人》和《斗鱼》这两部大戏，他的戏码很重，演得也格外出彩，一时间好评如潮。他的形象深入人心，被评为"美国最性感的男人"。年少轻狂的他开始目空一切，生活也更加放荡不羁。但命运之神摇摇头，为他打开另一扇门。他主演的黑帮片《龙年》，由于讲述的是美国警察对抗纽约华人黑帮的故事，上映后遭遇到了当地华人的强烈抵制，票房惨败，这对于正扶摇直上的他是个不小的打击。性格暴戾的他决定重返拳坛。

5年的职业拳击手生涯虽然算得上战功彪炳，只可惜代价太惨重。沉溺酒精，还有对手疯狂的击打，都让大帅哥的脸开始严重变形。更惨的是整容还碰上庸医，嘴被整得干瘪，额头因为注射了玻尿酸变得不再生动。从他的脸上，已经看不到当年那个好莱坞宠儿的一丝影子，脑子也在无数次无情的击打中严重受损。无奈的他再一次回到影坛，渴望东山再起。由于不能收敛自己的火暴脾气，1994年，他因被控家庭暴力而锒铛入狱。

残缺不堪、反复无常的命运令不能左右自己情绪的他痛苦万分，甚至一度想到了结束自己的生命。但当看到自己的那个亲密朋友吉娃娃可怜巴巴地看着自己，似乎在说："如果你死了，就没有人照顾我了？"他便打消了可耻的想法，他不忍心看着这条陪伴自己12年的老狗无人照看。于是，他决定振作起来，第三次杀回影坛。

再次杀回影坛的他英俊消逝，时光也将他的尖锐磨平。屏幕上多了一张熟悉而又陌生的"新面孔"。斑驳的脸、花白的头发和永远都叼着的烟，一个中规中矩、内心平静的个性演员。在

《罪恶之城》中，他扮演了面目狰狞、心地善良的壮汉马弗，他为了心爱的人而豁出性命去复仇，这部影片获得了影迷的认可，他也再次赢得了关注。

新影片《摔跤手》再一次给了他重新展现自己的绝好机会。现实中的他和片中主人公兰迪的境遇如此相像，他觉得就像是在演自己。不同的是，兰迪倒在了摔跤场中，而他重新站了起来，保持一个男人的胜利姿势。《摔跤手》不仅获得了威尼斯金狮奖，也为他赢得了多个最佳男主角的提名。

英国一家船舶博物馆收藏了一条船，这条船自下水以来，138次遭遇冰山，116次触礁，27次被风暴折断桅杆，13次起火，但是它一直没有沉没。伤痕累累依然勇往直前、拒绝沉没，这是一条船的启示，这是一部戏的内涵，这也是一个人的精神。他就是伟大的米基·洛克。

梦想传承

米基·洛克从最初的拳王到经历演艺界的衰败，他并没有因为一次次的磨难而退缩，因为他的心里一直有执着的信念，他知道自己的努力不会是徒劳。

最后米基·洛克重新回到演艺事业，取得了非凡的成就。他的故事带给我们：一个角色，一股力量，一种精神。

鹰的天空之城 ▶▶▶

你许给了我天空之城，却撕裂了我的羽翼，我站在地狱里仰望天堂，那是再也我不回的梦想。

暑假来临，我带着女儿去北京动物园游玩。在那里我看到了一只老鹰，它让我终身难忘。

那天一大早，我和女儿就来到了动物园，女儿吵吵嚷嚷要看老鹰，因为最近在幼儿园她听到了一个关于老鹰和兔子的故事。

我带着女儿来到老鹰的参观馆前。"妈妈，老鹰在哪儿呢？"女儿摇着小脑袋张望着。我抱着她笑了笑，说："快看那里，老鹰在那儿呢！"顺着我手指过去的方向，女儿终于看到了老鹰。

我们透过铁栏杆可以看见一只老鹰站在草地中央，一动不动，它正用呆滞的目光直直地望着远方。它好像在思考什么，又好像在哭泣，那样子真让人心痛。

"妈妈，老鹰为什么不飞呢？"女儿皱着眉头问我。我想了想，才说道："因为它在这个大笼子里呢，所以它很难飞起来。""那为什么不把笼子打开呢？"女儿疑惑地问。"笼子打开你就看不到它啦。"我摸着女儿的脑袋说。听了我的话，女儿沉默了。

　　我知道，老鹰被关在笼子里，也就没有了野性。这样一来，老鹰就失去了它的家——蓝天，它再也不能在那属于它的天空中翱翔，想飞到哪儿就飞到哪儿了，它只能在受限制的笼子里慢慢地散步。眼前这只老鹰已不能用"展翅翱翔"这个词形容了。

　　我的思绪正飘飞着，却听到女儿说："妈妈，我宁愿看不到老鹰，我想让它自由飞翔。老师说天空才是鹰的归宿，我想这只鹰的梦想一定是在天空中自由飞翔。"

　　我沉默了，我不知道自己应该说些什么，但是我的目光尽头，好像有一只鹰正向着它的梦想——天空之城奋力飞去。

梦想传承

　　其实，人人心里都掩映着一片园林，无非被一扇无形的门遮挡着。如果你真的推开这扇门，也许那可能是一扇吱吱呀呀的门，也许你好久没有来过了，但是你只要打开这扇门，一眼望去，你便会看到许多以前不曾留意的东西，许多真正契合于内心的东西，许多属于梦想的东西。正如一只鹰，只要打开笼子，梦想就是整个天空。

别让时间消磨了你 ▶▶▶

他将别人满街乱跑、手足无措、交际应酬的时间用来读读写写，他就可以著述属于自己的"史书"。

出生在一个平凡家庭的他，过着和同龄人一样的琐碎日子。上学，读书，玩耍，在平淡的岁月中一点点长大。如果非要从他身上找出什么特别的东西，或许应该就是他对历史的痴迷。刚上小学的时候，当别的男孩儿正拿着变形金刚、仿真手枪满街乱跑的时候，他却独自一人蹲在厨房昏暗的灯光里如饥似渴地读着一本又一本厚厚的史书。

光阴似箭，高考之后，他进入了一所普通的高校。大学的生活没有他想象中那么缤纷多彩，大量的业余时间让这群天之骄子手足无措。于是，大多数人都用恋爱、玩网络游戏来消磨自己的时间。他却是个另类，不谈恋爱，不玩游戏，很少和同学一起上街闲逛。只要一有时间，他就一头扎进史书中，乐此不疲。

时光飞快地流逝着，四年的大学生活很快就画上了句号，他很顺利地考上了公务员，从此开始了日复一日、年复一年的枯燥生活。

办公室里的同事们一有时间就在一起看看报纸聊聊天，而性格内向的他却常常在没工作的时候奋笔疾书，记录着一些有趣的历史故事。大家时常会在私下里笑他，然后又继续海阔天空地胡侃着。

下班之后，他也基本上没什么休闲活动。他实在讨厌那些吃吃喝喝的应酬，于是把自己关在狭窄的房间里，沉浸在那刀光剑影、富贵浮云的历史往事中。他一直觉得自己的生命不能在这样琐碎无聊的时光中消耗掉，终于有一天，他下决心要写一本书。在接下来的日子里，他开始用自己的语言诠释着一段古老的历史。不过，巨大的孤独感也让他窒息，有时候，实在是太孤独了，他就停止写作，骑着自行车在夜市上逛一圈儿，什么也不买，只是想在人群中排遣胸中的孤独。

就这样，他利用断断续续的业余时间硬是写出了一本几十万字的书。后来，这本名叫《明朝那些事儿》的网络小说在极短的时间里迅速蹿红，出版社争相和他签订合约，他独特的历史观和丰富的历史知识，还有那俏皮调侃的语言在读者中造成了巨大的轰动。这个网名叫"当年明月"的小公务员一夜之间就成了红透大江南北的人物，使得和他朝夕相处的朋友同事们大跌眼镜。

在谈到自己如何成功的时候，他调侃着说道："比我有才华的人，没有我努力；比我努力的人，没有我有才华，既比我有才华，又比我努力的人，没有我能熬。在他们消磨时间的时候，我却在不停地努力着。"

如今，他当年的同学同事们仍旧默默无闻，而他却已名利兼收，大获成功，这其中的奥妙，让人深思。

所谓消磨时间，不过是时间消磨你的另一种说法而已。有心的人，会在平淡琐碎的时光中根植梦想，抓紧时光，充实自己，创造机会。最终，他们就会在别人感慨平庸生活的时候，收获成功。别让无聊的时光消磨了你，只要能把握自己的时间，必将会取得成功。

梦想传承

　　从小学到大学，再到进入工作岗位，在别人消磨时间的时候，他却充实了自己，成就了自己。这种对待时间的态度，让他的成功历程平平凡凡但又有点与众不同。

　　在我们的生活中，有多少人喜欢消磨时间，却被时间消磨了生命。学习的过程中，更应该懂得珍惜自己的时间，你能够抓住哪怕一分一秒，你就可以获得比别人更多的知识。在平淡中植入不平淡的梦想，或许就可以有一个不一样的人生。

猎鹰是这样熬成的 ▶▶▶

在世界万物中，人始终是征服者，重要的是，我们怎样来把握自己的王者地位。

熬鹰，是一次从肉体到心灵，对鹰的彻底迫害。一个高傲、自由的灵魂，经过一番徒劳的挣扎，最终因悲愤、饥渴、恐惧，无奈地屈服，成为猎人逐兔叼雀的驯服工具。

凡是亲眼看过熬鹰惨烈场景的人，都会终生难忘。

这是一只刚刚成年的苍鹰，嘴尖锐而弯曲，披一袭铁灰色羽毛，锋利的蹼爪苍劲有力，它的腿却被一条铁链拴住。

第一天，猎人在鹰的周围布上绳网，在绳网的外面，摆着鲜嫩的羊肉和清水，苍鹰不屑一顾。苍鹰不慎撞入猎人布下的机关，从被束缚的那一刻起，就表现出暴烈狂野的性格，两只苍劲的鹰爪，不停地抓挠，将铁链"哗哗"抖响，发出一阵阵悲愤苍凉的呼啸。

猎人在绳网外冷笑着。鹰愤怒地一次次向他扑去，一次次都被铁链拉回，重重地摔倒在地上。在徒劳扑击中，鹰的体力一点点耗去。

　　夜幕降临，深秋的风，带着刺骨的寒意。猎人在场地边生起一堆火，在火光下，苍鹰的两只眼血红，怒视着不怀好意的猎手。猎人的眼睛也是血红的，和鹰对峙着。

　　第二天，当第一缕晨光染上苍鹰的羽毛时，它更加愤怒和急躁，隐隐感觉到腹中的饥饿。

　　猎人殷勤地将羊羔肉捧到苍鹰的眼前。它凶猛地打开门扇般的翅膀，向猎手扑去。

　　猎人急忙躲闪，还是被鹰翅鼓起的劲风扫了一下，鹰对鲜嫩的羊肉置之不理，只用嘴啄击铁链，"啪啪啪"，发出爆响，鹰嘴已经鲜血淋淋。鹰仿佛不知疼痛，一如既往地啄击着。鲜血，一点点地滴下来。又是一夜的对峙。

　　两天两夜过去了，在对峙的过程中，苍鹰一点点磨灭着野性，磨灭了意志，对人产生了敬畏心理。

　　夜深后，在无边黑夜的包围下，猎人看到苍鹰的戾气一点点消散。他不敢松解，生怕稍有不慎，前功尽弃。

　　当第三天阳光普照时，鹰嘴已结满黑硬的血痂，淤血甚至堵塞了鼻孔，眼中集结的怒气消散殆尽，疲弱的身躯仿佛再也拖不动沉重的铁链，蓄满金黄般光泽的眼睛不时半眯，似乎随时都会睡去。

　　猎人手拿棍子，不停地撩拨它(几日几夜，它都不能安睡)。无法忍耐之下，苍鹰的怒气又一下子凝聚，只是没有了锐气。

它喑哑的叫声，缺乏底气，少了威慑，多了悲伤与无奈。秋风袭来，鹰的羽毛显得苍老杂乱，毫无光泽，再也找不出昔日天之骄子的神情——它的体力与意志濒临崩溃。

又一个白天过尽，寒夜降临。在猎人精心安排的场地上响起阵阵野兽的叫声。苍鹰拢紧身上的羽毛，将身体畏畏缩缩移向火堆，它感到孤独无助。野兽的叫声逼近了，鹰开始有了明显的战栗。猎人清楚地看到，鹰眼里闪过一丝乞怜。猎人走进网围，将鹰抱在怀中，抚摸鹰的头部。它不再挣扎啄击，任凭猎人的手指从头顶滑下，顺着修长的脖颈，直到宽阔的背脊。鹰驯服地展开身体，眼睛里透出温和与顺从的光。这时，猎人再将鲜嫩的羊肉托上手掌，鹰迅速地将其一块块叼入口中——一只猎鹰熬成了。

猎手的体能也快熬尽，他得睡上三天三夜，才能恢复元气。当这只鹰再次出现时，不是蹲在猎手的肘上、肩上，就是在猎手的头上低飞盘旋，待到远方猎物出现，它便会迅猛出击……猎手得到猎物，就会大度地将肠子、肝肺等扔给它。

一个不羁、自由的灵魂，从此消失。

梦想传承 在整个熬鹰的过程中，我们看到了人与鹰在毅力上的较量，也让我们看到了高傲的灵魂也有弱点的悲哀。作为征服者，人有权利臣服于自己的灵魂，但人却始终应该去尊重每一个生命，即使去征服它，也应善待它。

不上学照样上剑桥 ▶▶▶

我没有上过一天学，但我现在坐在剑桥大学的教室里！

我没有高中毕业证，也没有全A的成绩单，但现在是剑桥大学法律系三年级的学生。从八岁到十八岁我一直接受家庭教育。上剑桥之前，我也申请过其他大学，对方的回复通常是："你是不是忘了填写受教育情况这一栏？"没有哪所大学愿意培养一个小学都没有上过的人。但剑桥很棒，它非常开明，认可了我在"开放大学"取得的资历。

其实，让我接受家庭教育并非父母的初衷。八岁时，我所上的小学意外倒闭。当时不是学校招生的日子，爸妈问我是否愿意接受家庭教育，我答应了，并且喜欢上了这种方式。

家庭教育并不像一般人想象得那么枯燥。并不是每天都在家里，不和其他人接触。正常上学的孩子每天在学校里也只是待6小时。两者唯一的区别在于我的6小时不在学校，而是在任何可能的地方。

我父母给予我和弟弟充分的自主权。他们并不直接管教，只是监督我们。这种监督也不是很严格。我们从来没有最后期限、没有考试、没有作业，甚至没有时间表，但我有自己的安排：可能周三一天什么都不干，但是整个周末都在学习。我可以远足穿过雪墩山峰国家公园。也可能待在同一个角落读上两礼拜的书。在家庭教育刚开始的日子里，我一连好几个月都整天看肥皂剧和玩电脑游戏，不过我很快就改正过来了。

我对南极洲充满了兴趣，于是妈妈鼓励我多了解，她还带我去博物馆。公立的课程只适用于学校——我父母当然不会按那个来。他们让我明白自己需要学些什么，比如法语和数学。我们有个法语家教，每周来一次。我受的教育就是寻找出自己对什么最感兴趣，然后据此找出相关的书、网页或是博物馆。我发现学术性的机构——比如英国南极研究会和科学博物馆总是出乎意料地乐意回应像我这样十岁左右的爱好者。接受家庭教育的孩子从来不厌学，因为他们能学他们感兴趣的东西。

我并不是独自一人学习。我们有一个小组，大概10—15人，大家通常一起做科学实验或者结伴去博物馆。据估算，全英国每年大概有5万—8万孩子在接受家庭教育，而且还有个帮扶机构，它负责组织当地的学习小组，提供咨询。从十六岁起。我花了两年时间学习"开放大学"课程。它们能帮助我申请上大学。像其他人一样，在被录取之前，我也要参加全国性的法律资质考试。

不了解家庭教育的人会认为我们缺少社会经验。其实这不是个问题。我跟周围的同龄人交朋友，我还去一所音乐学校上课，在那里也结交了朋友。由于缺乏学校教育自然提供的社交环境，不得不在社交方面更加积极。

十八岁以前。我唯一参加过的考试是音乐理论5级考试——但在剑桥，我很快就习惯了考试。在这里，导师要求我们每周都写一篇论文。在教育方面，缺乏传统的分数衡量也有其不足之处。有的大学很明显不看好我的申请。但是我有比同龄人丰富的工作经验，因为我能边学习边出去工作。

我不认为家庭教育是最完美的，它只是另一种行之有效的教育模式，不过我恰好从中受益颇多，因为它使我在大学找到一个恰当的位置。

> **梦想传承**　　梦想不抛弃苦心追求的人，只要不停止追求，自然会沐浴在梦想的光辉之中。能不能成功与家庭教育还是学校教育并没有多大关系，重要的是条条大路通罗马，你要走对你的路并努力走下去，相信条条大路一样是通往你成功的梦想之路！

海豹王的产生 ▶▶▶

梦是一种欲望，想是一种行动。梦想是梦与想的结晶。

世界第一大岛格陵兰岛一直是冰天雪地。在这里生活着一群快乐的海豹。它们中有生下还不到十天的小海豹，这些小海豹全身长着微微卷曲的白绒毛，只会吸吮和吃雪；也有威武的成年海豹，这些成年海豹全身披着灰蓝色的皮毛，背脊上长着一簇簇深色的毛，形状像放倒的竖琴。

其中有只名叫"迪尔"的小海豹，它有着特殊的本领。原来，不管是大雾、狂风、巨浪或浮冰来临时，它都能预知，并把这一切告诉自己的同伴。小海豹迪尔的梦想是成为海豹王，造福同伴，但是想要做海豹王就要付出无数的努力。

四月的一天，想不到的倒霉事发生了。从外海游来四条凶猛的角鲨，它们贪婪地吞噬着身体较弱的海豹，两天内就已经有十二只海豹被吃掉了。几天后，一群体长超过三米的箭鱼又闯了过来，它们用利剑一样的上颚乱刺乱挑，一下子杀死了五只海豹。角鲨和箭鱼吃腻了海豹肉，才满足地扬长而去。

海豹们惊恐万分，寂静的冰雪世界没有了往日的安宁和欢乐。大家都在想：如果大群的角鲨和箭鱼再发现它们，海豹家族岂不是要遭遇灭顶之灾了吗？

迪尔带着一队年轻的海豹充当先行军探路，并最终带所有海豹游出了这可怕的屠宰场。

虽然逃出来了，但是小海豹迪尔十分警惕，它经常爬到大浮冰上面观察四周的动静。

一天，它望见大冰原远处有一个黑点越变越大，越来越近。最后它看清是十二只狗拖着一辆雪橇向这里跑来，一个人坐在前面，另一个人站在后面。

迪尔低低地吼叫一声，所有出来呼吸新鲜空气的海豹们听到了，都钻进冰洞里去了，唯独迪尔停留在冰洞口，藏在一堆积雪后面观察这些不速之客。

十二只狗停下了脚步，雪橇上的两个爱斯基摩人走了下来。他们脸盘很大，肤色淡黄，穿着厚厚的兽皮衣。他们解下一只狗，让它在冰上跑着嗅来嗅去。

忽然，那只狗在一个冰洞边站着不动了。那两个爱斯基摩人马上赶过来，站在那里一动不动地守了好久。最后，那个大个子爱斯基摩人举起鱼叉，瞄准冰洞用力一掷。接着两人一起拉着连接鱼叉的绳子，把一只大海豹拖到了冰面上。

原来，那只大海豹想出来换一口新鲜空气，结果被刺得鲜血淋淋。那些人剥下海豹皮，把它像卷毯子一样卷起来，又把海豹

的肉和脂肪切成四份，装进肩上的口袋，剩下的零星碎肉，就留给馋嘴的狗了。

这一切，都被小海豹迪尔看在眼里，它在浮冰下游来游去，向大家发出警告。从这以后，两个爱斯基摩人再也没有捕捉到海豹，只好灰溜溜地回到岛上去了。

但是因为这里很难找到食物，所以海豹们都饿慌了。眼看着大家一天天瘦下去，小海豹迪尔决定冒险出去寻找鱼群。浩浩荡荡的海豹大队离开了木筏似的浮冰，它们远远地跟着小海豹迪尔，向前游去。

第三天早晨，小海豹迪尔在前面做出一个漂亮的跳跃，这个信号是告诉大家：它已经冲进了鲑鱼群。海豹们兴奋起来，加速向前游去。

这是一支由十万条鲑鱼组成的队伍，大鱼排在前，中鱼在中

间，小鱼在后面。海豹们马上追上去攻击这支鲑鱼大军的后卫。

鲑鱼的大嘴里长着锥子一样的牙齿，但这对海豹一点也不起作用。不过，鲑鱼有严格的纪律，每一次被袭击后，它们总是立即整顿好散乱的队伍，继续前进。

追逐了几天鲑鱼群，海豹们都吃得饱饱的。

这时，老海豹王威利觉得自己已经太老了，不能再为大家领路了，它轻轻咬着小海豹迪尔的游泳鳍，把它带到大家前面，反复摇摆着尾部，表示要让小海豹迪尔做大家的领路人。如果它能把大家带到安全、幸福的海湾，它就可以成为新的海豹王。

海豹们默不作声地轻轻摆动着尾部，表示同意。接着，它们就都跟在小海豹迪尔后面，继续向前游去。

不久，前面出现了一座岛。许多海豹都欢呼起来，争先恐后地游过去，希望能休息一下。但是，小海豹迪尔把身体横转过来，拦住了大家的去路。原来，它发现这座岛上的一座大冰山似乎在微微抖动，没有敏锐的感觉是一点也察觉不出来的。现在正是解冻的季节，万一冰山出现崩塌，大家怎么可能逃得了呢？

果然，前方发出一声震天的巨响，那座亮晶晶的冰山动了一下，很快就朝着海中滑落。原来，充足的阳光给了那座岛屿足够的热量，大冰山被推下来了。"轰隆隆"，一个冰壁倒塌在海里，顿时把海水激起许多高大的水柱和滔天巨浪。接着，大冰山崩裂成几座小冰山，它们在海里"轰隆轰隆"地互相冲撞，打着急转。

如果被这些巨大的冰山冲撞到，又不知有多少海豹要丢掉性命！海豹们惊喜地围着小海豹迪尔，舔着它的胡须和游泳鳍，感谢它使大家又避免了一场灾难。

没有多久，老海豹王威利由于年老体衰而离开了大家。在它去世之前，新的海豹王已经产生了，它就是敢为大家寻求幸福的小海豹迪尔。经过了重重磨难，小海豹迪尔的梦想终于实现了！

梦想传承　经过了重重磨难，小海豹迪尔的梦想终于实现了。小海豹迪尔的梦想就是成为海豹王，造福同伴，但是想要做海豹王就要付出无数的努力，但它还是成功了。因此在任何恶劣的环境下，我们都要坚持自己的梦想，才能取得最后的成功。

老鹰与蜗牛 ▶▶▶

把梦想装在心中，用行动来武装。

如果说，金字塔顶是全世界所有动物梦想的终点的话，那么世界上只有两种动物能到达那梦想的终点：一种是鹰，还有一种就是蜗牛。

鹰和蜗牛，它们是如此的不同。鹰矫健、敏捷、锐利，蜗牛弱小、迟钝、笨拙；鹰残忍、凶狠，杀害同类从不迟疑，蜗牛善良、厚道，从不伤害任何生命；鹰有一双飞翔的翅膀，蜗牛背着一个厚重的壳。它们从一出生就注定了一个在天空翱翔、一个在地上爬行，是完全不同的动物，唯一相同点就是它们都能到达金字塔顶。

鹰能到达金字塔顶，归功于它有一双善飞的翅膀。因为这双翅膀，鹰成为最凶猛、生命力最强的动物之一。它可以在最短的时间内攻击和逃离，无论成败都不会使自己受到伤害。所以可以说，鹰的翅膀就是它生命中最重要的一部分。鹰能拥有这样的翅膀，和它的残忍有关。鹰的残忍，不仅表现在对其他动物上，还表现在对自己的同类上，包括对自己的孩子。据说，鹰每次产卵都是两个，等它们孵化成小鹰后，就把它们放在一起，不给食物，让它们争斗，让其中更强健的一个吃掉另一个。虽然很残忍，但鹰也因此而进化。

与鹰不同，蜗牛能到达金字塔顶，主观上是靠它永不停息的执着精神，客观上则应归功于它厚厚的壳。蜗牛的壳非常坚硬，是蜗牛的保护器官，若遇到敌人侵犯，蜗牛会迅速缩入壳内避险。蜗牛晚上活动白天休息，休息时将身体全部缩入壳内，减少水分流失，维持生命。据说，有一个人看见蜗牛顶着厚重的壳艰难爬行，就好心替它把壳去掉，让它轻装上阵，结果，蜗牛很快

就死了。正是这看上去又拙又笨、有些累赘的壳，让小小的蜗牛能够长途跋涉，到达金字塔顶。

在登顶的过程中，蜗牛的壳和鹰的翅膀，起的是同样的作用，残忍有力的翅膀和坚韧负重的壳都可以帮助它们到达梦想的顶端。

虽然我们不像鹰一样有翅膀，也不需要残忍，但我们可以像蜗牛一样，脚踏实地地背着心中的梦想，一步一个脚印走到梦想的终点！

梦想传承

全世界上只有两种动物能够到达梦想的终点——金字塔，这两种动物就是鹰和蜗牛。有着一双善飞的翅膀和脚踏实地的执着精神同样可以到达梦想的终点。无论是动物还是人类，条件可以有差距，但是梦想没有终点。每个人的心中都应该有一个梦想，梦想是美好的，虽然实现梦想的道路是曲折的，有无数人在实现梦想的道路上遭遇了无数挫折，但是我们依旧要大步向前。

眼泪会不由自主流下 ►►►

当中国的神州号飞船载着中国人的飞天梦翱翔于天空时，我们必须知道，是凭借许多背后的艰辛才能够有所成就的。

回味曾经走过的训练路程，杨利伟告诉大家，从"神五"的发射成功让他总结出几句话：精神的力量是永恒的，科学的力量是第一的，发展的力量是最硬的，而中国第一代的航天员的训练是异常艰苦的。

杨利伟说，在航天飞行中，最为难受的是飞船发射升空和返回地面的一段，因为重力加速度的过载将会使人感到非常难受。在训练中，他们一直进行着8G的载荷训练，有40秒的时间。而目前俄罗斯的航天员进行的是6G/30秒的训练。杨利伟说，过山车的载荷只有2G而已，已经令人觉得极不舒适了。在训练的过程中，宇航员都被这超重的载荷拉得面部变形，眼泪不由自主地流下来，医监人员会发现一些宇航员的身体一些指征出现了不适的反应而强令停止，但是在长达8年的时间内，从未有一个宇航员主动摁响过设在手边的"生命报警器"。

航天飞行中的失重过程，对于航天员的身体也是个极大的挑战。从生理上来讲，在失重情况下，人体的血液、体液会进行重新分布，最容易发生的就是"头向分布"，即血液涌向头部。杨利伟说：在回看自己在"神五"舱里的录像带时，会发现自己的脸胖胖的，有点发红，这就是血液头向分布的原因。为了尽量减少航天过程中诱发航空病，宇航员的训练是极其残酷的，比如宇航员要在转床上进行"卧床训练"。在负6度的角度上卧床，本身已经是件极其难受的事情了，还要在20多天的时间里吃喝拉撒都在这张床上，因此宇航员训练是最好的减肥训练，半天掉个1.5千克肉，经常会在宇航员身上发生。

梦想传承

　　杨利伟说：中国第一代的航天员的训练是异常艰苦的。是因为他们是开拓者，是英雄。成为英雄的过程，必定是艰辛的。

　　我想，每个孩子都会在中国宇航员遨游太空的瞬间，在自己的心里产生一个飞天梦，但任何的梦想都不可能是轻而易举完成的，对待自己的梦，要像对待自己神圣的使命一样，要拥有一种付出一切的勇气和决心才可以。

如果灵魂里没有星星和月亮 ▶▶▶

如果灵魂里没有星星和月亮，那么，我们抓住尘埃和杂质，照样可以让它们生出星星之火，一样可以熠熠生辉。

在1963年的春天，日本福冈县立初中的一间教室里，美术老师正在组织一场绘画比赛，同学们都在认真地按照要求画着画，只有一个瘦高个子的小家伙缩在教室的最后一排。他实在不喜欢老师给定的命题，于是便信手涂鸦起来。

到上交作品的时间了，老师看着一张张作品，不住地点头称是。他深为自己的教育成果感到满意，作品里已经有了学生们自己的领悟，可以说，是对日本传统画作的继承和发展。

但唯有一张画让他大跌眼镜，作者是个叫白井的家伙，老师的目光立即从画作上移到了最后一排，接着看见这个名不见经传却又有些特立独行的家伙在冲着他冷笑。

他大声怒斥起来："白井，你知道你画的是什么吗？简直是在糟蹋艺术。"

小家伙闻听此言，吓得将脑袋垂了下来，老师接下来让大家轮流传看白井的作品，他用红笔在作品的后面打了无数个"叉叉"，意思是说这部作品坏到了极点。

他画的是一幅漫画：一个小家伙，正站在地平线上撒尿。这是如此的不合时宜，如此的不伦不类。

这个叫白井的家伙一夜之间出了坏名，学生们都知道了关于他的"光荣事迹"。

这一度打消了他继续画画的积极性，他天生不喜欢那些中规中矩的传统作品。他喜欢信手胡来、一气呵成，让人看了有些不解，却又无法对他横加指责。

在老师的管制下，他开始沿着正统的道路发展，但他在这方面的悟性实在太差了。

期末考试时，他美术考了个倒数第一名，老师认为他拖了自己班的后腿，命令他的家长带着他离开学校。

他辍了学，连最起码的受教育的权利也被剥夺了，于是，他开始了流浪生涯，不喜欢被束缚的他整日里与苍山为伍，与地平线为伴，这更加剧了他的狂妄不羁。

1985年的春天，《漫画ACTION》杂志上发表了《不良百货商场》的漫画作品，里面的小人物不拘一格，让人忍俊不禁，看了爱不释手。

作品一上市，居然引起了强烈的反响，受到长久束缚的日本人在生活方式上得到了一次新的启发，他们喜欢这样的作品。

又一年，一部叫《蜡笔小新》的漫画风靡开来，漫画中的小新生性顽皮，做了许多孩子想做却不敢做的事情，典型的无厘头却得到了意想不到的结果，被拍成动画片后，所有人都记住了小新，以至于不得不加拍了连载。

白井仪人，这个天生邪气逼人的漫画家，注定不会走传统的老路，如果他仍然沿着美术老师为自己铺好的道路发展，恐怕这世上就不会有《蜡笔小新》的诞生了。

梦想传承

实践梦想的过程虽然很艰辛，但这个世界上也有许多人，是通过这种辛苦才能让自己成功的，无论是否达到了梦想的高度，只要拥有那个过程，都是值得的。成就梦想并不会像你想象中的那么难，并不是因为事情难我们不敢做，而是我们不敢做事情才会变难的，许多梦想，只要敢做，就有可能做到。当有些人有机会实现梦想时，为什么要放弃呢？哪怕有粉身碎骨的危险，但只要面对，危险的背后就是天堂。你是做一个站在河边，望着对岸不敢过河的小泥人；还是为梦想勇敢地挑战极限，到达天堂。一切就决定于是否能坚持到下一秒。

为了梦想,含泪活着 ▶▶▶

岁月跌落在水上,便凝结成人世间最动人的一首诗。

子夜12点,乌黑的天空飘着冷冷的细雨。日本北海道最东部的小镇阿寒镇,一群中国学生在夜色的掩护下疾步穿行。这是1989年6月的日本,阿寒镇这群中国学生的此次夜行,后来成为震惊全日本的北海道"大逃亡"。

丁尚彪是"逃亡者"之一,时年三十五岁。"逃亡"的半年前,在上海,这名青年花了5角钱从别人那里买了一份飞鸟学院阿寒镇分校的资料,并举债42万日元(约合人民币三万元),将妻女留在上海,独自一人来到了日本。没想到,到了阿寒镇才知道,这个"蜷缩"在北海道角落里的小镇人口极其稀少,连打工还债的便利店都找不到。原来政府之所以同意招收这批学生,是为了解决该地区人口过少的问题。

飞鸟学院阿寒镇分校首批五十六名学生,半年后只剩下七个人。

当年，丁尚彪一路逃到了东京，一待就是八年。他的签证很快过了期，他沦为在日非法滞留人员。

在东京打工还债的这几年里，他逐渐确立了自己的新目标：努力赚钱，将来把女儿送去国外一流的大学深造——把自己无法实现的求学梦，寄托到女儿的身上。

丁尚彪住在东京丰岛区一栋三十年前建的木板楼里。做饭、洗澡、睡觉都在楼上那间不足10平方米的小屋内。

1997年夏天，女儿丁啉收到了纽约州立大学的录取通知书。丁啉乘坐的飞机在东京中转，再飞往纽约，她有24小时的停留时间。从她小学时就分别的父亲，八年后，终于能在东京与她再见面，父女两人泪水涟涟。

十八岁，丁啉独自去纽约求学，父亲继续留在东京打拼。在上海，丁尚彪的妻子陈忻星也在拼命工作着。为了去探望女儿，她一直在申请赴美的签证。从丁啉出国那年算起，她连续申请了五年，总共十一次，可惜，星条旗却不懂母亲的心思。

2002年春，陈忻星的第十二次申请获批了。在她的心中，还有一个企盼已久的愿望——在飞往纽约的途中，利用在东京中转的时间见一见丈夫，这是她和丈夫见面的难得机会。

在接站台上，陈忻星一眼就认出了十三年未见的丈夫的身影。两人凝咽相视无语。

第二天，他们两个人一起去旅游。丁尚彪挽着妻子拍合影，带妻子尝东京的小吃、赏樱花、看夜景、一同烧香祈福。

72个小时，三天的中转时间过后，终于，只剩下默然。

五年前的夏天，也是在开往成田机场的这趟列车里，丁尚彪与女儿分别，此时此刻，再与妻子分别。仿佛一切在重演，直到列车开出站台，陈忻星还频频回望。窗外的景色飞快掠过，在这个陌生的国家，丈夫奋斗了十三年！

2004年6月，丁尚彪决定回国了。回国前，他决定再去一次阿寒镇。看着如今已经废弃的教学楼、堆在墙角的课本，丁尚彪有些悲伤。"虽然当时的债务很沉重，但是过了十五年，还是多亏了这个地方。十五年前，我走到这里的时候想，人生也许是悲哀的，但现在看来人生是绝不可以放弃的。"

如今，丁尚彪的女儿已在美国取得了医学博士学位，她将父母接到了底特律一同生活。二十年，曾经天各一方的一家三口，终于团聚到了一起。

梦想传承

　　人总是会在矛盾中挣扎，在痛苦中抉择，有笑有泪，有取有舍，这就是人生，这就是命运。不管事态怎么改变，其实主宰命运的一直是我们自己，不管是心有所向，还是迫不得已，那都是你自己的抉择，怨不得任何人。这个世上本来就没有什么救世主，如果自己不想着努力，没人能帮得了你。

　　无论什么时候，你的心里得有个念想，你得为自己的梦想去拼，即便是到头来发现真的只是个梦想，至少你美丽了整个追逐的过程，所以永远不要放弃自己的梦想，哪怕是再多的苦难，都一样要有渴望体会、乐于承受的心态！

少年行动队：野外郊游

【活动主题】 出游计划

【活动背景】 进行一次野外郊游是个很不错的主意，可是时间的安排一定要合理才可以让自己玩得尽兴，你尝试着做一个出游计划表吧，痛痛快快玩一次。

【活动目的】 这次活动可以锻炼我们有规划性地合理利用时间，做事有条理、有计划。

【活动日期】 _____年_____月_____日

【班级人数】 _____人

【缺席人员】 _____人

【活动流程】

1. 首先，要先想好去哪些地方，有什么景色和建筑值得游玩，然后制作一张游览表格，包括在什么时间段观赏了哪一处景物，什么时间休息，什么时候开始返程。

2. 画出游览线路图。

3. 最好是和同学们一起去郊游，那样在路上会很热闹，还可以顺便讨论和分享自己的所见所想。

4. 郊游归来后，把自己的游览过程和所见所感记录下来。

小测试：测试你的青春指数

1. 你娱乐的时间比学习多吗？

   是——Q2

   不是——Q3

2. 你比较喜欢听什么样的音乐？

   快拍的歌——Q5

   慢拍的歌——Q4

3. 你是男生还是女生？

   男生——Q7

   女生——Q4

4. 听歌的时候，你会把音响放到尽量大的音量吗？

   是——Q10

   不是——Q9

5. 你喜欢听搞笑的歌曲吗？

   是——Q8

   不是——Q9

6. 你可以说自己唱歌不走调吗？

   是——Q5

   不是——Q4

7. 你喜欢听英文歌曲吗？

   是——Q8

   不是——Q 10

8. 听节奏感强的歌曲时，你会不由自主地摇摆吗？

　　会——Q4

　　不会——Q 9

9. 你听说过《黑色星期天》吗？

　　听说过——A型

　　没有——D型

10. 你会比较关注新出的音乐吗？

　　会——B型

　　不会——C型

【测试结果】

A型：你会给人"小大人"的感觉，因为性格原因，做事比其他人要显得成熟和稳重，不过这样会失去一些天真活泼哦。

B型：很正常地做着真正的自己，不是很在乎别人看自己的眼光，有时候会显得很自信，但有时候却有些莽撞，正在"长大"时期。

C型：给人的感觉有些呆板和迟钝，但并不是笨，只是常常在想一些别人想不到的事情。

D型：你被保护得很好，就像大家所说的"温室花朵"，这样有些不利于自己的成长哦。

　　所有人的人生资本都是相同的，同样拥有生命，同样拥有机会和资本。但每个人的成就是不同的，关键一点就是我们是否确立好了自己的目标，为梦想而奋斗的目标。

　　比如，每个人的一天都是24小时，有的人在这24小时中完成华丽的转身，有的人在这24小时内思考人生，有的人在这24小时内又获得了新知，而有的人却在这24小时内浑浑噩噩。

是你自己以为不可能 ▶▶▶

岸上高射炮爆炸出的火光，照亮了一个漂泊人的自信。

出生于美国的普拉格曼连高中也没有读完，却成为一位非常著名的小说家。在他的长篇小说授奖典礼上，有位记者问道：你事业成功最关键的转折点是什么？大家估计，他可能会回答是童年时母亲的教育，或者少年时某个老师特别的栽培。然而出人意料的是，普拉格曼却回答说，是"二战"期间在海军服役的那段生活。

1944年8月一天午夜，我受了伤。舰长下令由一位海军下士驾一艘小船趁着夜色送身负重伤的我上岸治疗。很不幸，小船在那不勒斯海迷失了方向。那位掌舵的下士惊慌失措，想拔枪自杀。我劝告他说："你别开枪。虽然我们在危机四伏的黑暗中漂荡了四个多小时，孤立无援，而且我还在淌血……不过，我们还是要有耐心……"说实在的，我自己都没有一点信心。但还没等我把话说完，突然前方岸上射向敌机的高射炮的爆炸火光闪亮了起来，这时我们才发现，小船离码头不到三海里。

普拉格曼说：那夜的经历一直留在我的心中，这个戏剧性的事件使我认识到，生活中有许多事被认为不可更改的、不可逆转的、不可实现的，其实大多数时候，这只是我们的错觉，正是这些"不可能"才把我们的生命"围"住了。一个人应该永远对生活抱有信心，永不失望。即使在最黑暗最危险的时候，也要相信光明就在前头……

"二战"后，普拉格曼立志成为一个作家。开始的时候，他接到过无数次的退稿，熟悉的人也都说他没有这方面的天分。但每当普拉格曼想要放弃的时候，他就想起那戏剧性的一晚，于是他鼓起勇气，一次次突破生活中各种各样的"围"，终于有了后来炫目的灿烂和辉煌。

想起了另一个故事。一天早晨，电报收发员卡纳奇来到办公室的时候，得知由于一辆被撞毁的车子阻塞了道路，铁路运输陷入瘫痪。更要命的是，铁路分段长司各脱不在。按照条例，只有铁路分段长才有权发调车令，别人这样做会受到处分，甚至被革职。车辆越来越多，喇叭声、行人的咒骂声此起彼伏，有人甚至因此动起手来。"不能再等下去了。"卡纳奇想。他毅然发出了调车电报，上面签着司各脱的名字。司各脱终于回来了，此时阻塞的铁路已畅通无阻，一切顺利如常。不久，司各脱任命卡纳奇为自己的私人秘书，后来司各脱升职后，又推荐卡纳奇做了这一段铁路的分段长。发调车令属于司各脱的职权范围，其他人没人敢突破这个"围"，卡纳奇这样做了，结果他成功了。

梦想传承

梦想是指路明灯。没有梦想，就没有坚定的方向；没有方向，就没有生活。

无论是作家在飘荡了四个小时之后，小心地表达自己的自信，还是电报收发员逾越职责的自信，都是拯救生命的关键。相信自己的判断，在很多时候是事情发展的关键。

自杀的鸟儿 ▶▶▶

那些小小的生命试图在用自己的血肉之躯来唤醒人们的良知。

模糊糊记得五六岁的时候，我到姑姥家做客，姑姥家的小舅养了一对红脑门儿、红肚皮，叫起来很悦耳的鸟儿。临走时，姑姥给我装了许多好吃的，我竟固执得一样都不要，非要带走一只鸟儿不可。那鸟儿是小舅的心爱之物，而且小舅仅长我两三岁，也是个不懂事的孩子，他自然不同意，姑姥哄劝打骂软硬兼施了半天，我才如愿以偿。

或许我深知这鸟儿的来之不易，一路上既怕它冻着又怕它跑掉。当我跨进家门后才发现它早已变成了一具鸟尸。捧着鸟尸我哭得鼻涕一把泪一把，妈妈又心疼又气愤地说："等我死那天，你能哭得这么伤心我就知足了。"

清清楚楚记得十三时，有位同学送我一只俗称"烙铁背"的鸟儿。我刚刚养了它三天，它就被四姐养的一只猫吃了。四姐比我大八岁，我整个童年都是在她身边度过的，姐弟之间的感情绝对要超过一般的一奶同胞，可为了一只鸟儿，我把那只猫打得半死不说，还与她吵得不可开交，父亲出面才平息了这场风波。以上两件小事，足见我爱鸟之深了。

然而两只直接或间接死在我手里的鸟儿，也使我彻底打消了养鸟的念头。我认为鸟儿的生命太弱小，犹如美丽的鲜花，是只可观赏不可采撷的。有一年初春，我去了一次海拉尔草原，从一只只死亡的鸟儿身上，却惊讶地发现了这些弱小生命的伟大。

那些是撞死在车窗上的鸟儿。

崭新的日本丰田轿车，在无边无际的大草原上奔驰着。伴着马达的轰鸣声，耳畔传来"噼噼啪啪"的撞击声，透明的玻璃窗上随之绽开一朵朵鲜红的"玫瑰"。

我茫然地望着司机。

司机说："这都是鸟儿，撞死的鸟儿！" 我以为是车速太快了，才乱了鸟的阵营，使它们慌不择路所致，就劝司机把速度降下来。

司机说："这是自杀的鸟儿，即使我把车停下来，它们也会撞死的。"

我不解。

恰在这时，车要停下来补充些冷却水，我借机下车。这时，身后的车窗又"嘭"地响了一声，我回头一看，一只百灵鸟已惨死在引擎盖上，嘴角挂着鲜红的血，眼睛瞪得老大。从这双充满眷恋和愤怒的眼睛里，我不得不相信了司机的"鸟儿自杀说"。

丰田轿车重新上路后，健谈的司机终于为我解开了这个谜。

野外作业艰苦枯燥，井队工人就以捕杀各种野生动物来改善生活和打发寂寞的时光。其中鸟类是最主要的受害者，哪里竖起绿色的野营房，哪里的鸟类就面临着灭顶之灾。气枪、铁夹、尼龙网合谋着一步步将它们推向死亡。然后，煎之，烤之，炸之。一个队一天捕鸟的最高记录可达几百只，贵客光临以设"百鸟宴"款待为最荣耀的事。

十年来，弱小的鸟与强大的人类进行了不屈不挠的斗争。有时，它们投炸弹般的将粪便丢在工人工作用的铝盔上；有时，它们恶作剧般将晾衣绳上的衣服糟践得一塌糊涂；有时，它们游击队般潜进工程设备中，将井然有序的线路弄乱……然而，从未使人放下凶狠的屠刀。

"自杀，是这些勇士们为保护同类不得不采取的最后一项措施了！"司机凄然地说。

他的话勾起我脑海深处一幅惊心动魄的画面，那是几个月前我读到的一篇文章，作者讲述了他朋友亲身经历的一件事。

那位朋友在深秋的秦岭山中打死一只鸟。那只鸟刚刚枯叶似的落在荒草之间，另一只鸟就从一棵树上飞过来。它拍着翅膀尖叫着扑向草丛，用嘴将死去的同伴衔起来，又放下，放下，又衔起来，如此反复几次后，尖叫变成了哀鸣。待哀鸣渐渐嘶哑微弱后，它平静下来。然而平静只是暂时的，更令人难以置信的一幕在短暂的平静之后出人意料地发生了。

那只鸟在枝杈间蹿来蹿去。忽然，它猛地向作者的朋友扑来，那人想举起枪，但手臂僵硬得举不起来。鸟儿在他头顶上盘旋着嘶叫着，他以为鸟儿要啄他，就急忙躲闪，可是事实不是这样：鸟儿从他的头顶飞过，向黑色的岩石上撞去，一下，两下……它一声不吭，只是这么一直撞着，黑色的岩石上印着隐隐约约的血，如同模糊不清的文字一般。那只鸟撞死了，死在离它同伴不远的山石下。

我把这个故事告诉了司机。沉默了一会儿，司机说："从什么时候开始，自杀成为鸟儿的选择了呢？也许，那些鸟儿们梦想着有一天人类能够清醒过来吧。唉，但愿那岩石上的血和这车窗上的血，能够尽快唤醒人们的良知。"听了司机的话，我默默地点点头。

梦想传承　　那些鸟儿们梦想着有一天人类能够清醒过来。动物和人类一样有在自然界生存的权利，我们没有权利掠夺属于它们的权利。但愿那岩石上的血和这车窗上的血，能够唤醒人们的良知，人类与动物从此和平相处，鸟儿们的梦想也就实现了。

追求梦想 ▶▶▶

你的梦想有多高，你就能飞多远。

在1858年，瑞典的一户富豪人家生下了一个女儿。然而不久，孩子罹患了一种无法解释的瘫痪症，丧失了走路的能力。

一次，女孩和家人一起乘船旅行。船长的太太给孩子讲，船长有一只天堂鸟。她被船长的太太所描述的这只鸟迷住了，极想亲自去看一看。于是保姆把孩子留在甲板上，自己去找船长。孩子耐不住性子继续等待，她要求船上的服务生立即带她去看天堂鸟。那服务生并不知道她的腿不能走路，而只顾带着她一道去看那只美丽的小鸟。

奇迹发生了，孩子因为过度地渴望，竟忘我地拉住服务生的手，慢慢地走了起来。

从此，孩子的病便痊愈了。女孩子长大后，又忘我地投入到

文学创作中，最后成为第一位荣获诺贝尔文学奖的女性，她就是茜尔玛·拉格萝芙。

当成功的茜尔玛·拉格萝芙回忆这段往事时，她告诉大家：心中的梦想很重要。

茜尔玛·拉格萝芙因为罹患重症而认为自己丧失了走路的能力，但当她心中拥有了看鸟的梦想时，奇迹就发生了，她重新站了起来。

拥有了梦想，就有了创造奇迹的力量。不要把自己当作鼠，否则肯定被猫吃。忘我是走向成功的一条捷径，只有在这种环境中，人才会超越自身的束缚，释放出最大的能量。在走向通往成功的道路上，其实梦想很重要。

把普通做到极致 ▶▶▶

普通的矿泉水不仅可用于解渴，而且只要把它的功能发挥到极致，你会发现它还蕴藏着宝贵的财富。

森井是一个日本小零售商的儿子，大学毕业后一直没能找到合适的工作，只好回家帮助父亲打理生意，可因为种种原因，生意一直没有起色，他很着急。

有一天，小店里来了一个客人，要买含气矿泉水，森井想也不想，递过一瓶普通矿泉水。客人连连摇头，又扫一眼货架，说："算了，这样普通的小店怎么会有含气矿泉水呢？"

森井既惭愧又好奇，拦住客人请教才知道。原来，法国有一种矿泉水，因为水源位于火山爆发后的地层深处，所以含有天然的气泡。

法国商人先抽出水中的天然气泡；然后对水进行净化；最后，把储存的气泡打回处理过的水中。客人还告诉他，这种矿泉水在日本的顶级商场才有出售，平时很难买到。

客人走了，森井却如醍醐灌顶一般呆立了许久。他终于找到了经营目标，那就是开一家专门卖水的小店。

他极快地行动起来，用了半年的时间去四处学习和采样。经过精心的准备，他的"水吧"开张了。

整个小店布置得如同一个盛水的器皿，卖的都是各种各样精心调制过的水和来自世界各地的高档矿泉水。这些水都各有用途：含矿物质多的水对身体有好处；含氧的水则适宜老人和孕妇……他甚至调制出了一种能量水，是特意选在月圆之夜从地底抽出并立即装瓶的矿泉水，据说具有最高的能量，是专门为练气功的人准备的。

对他的水吧，人们先是惊愕，继而好奇，并很快接受了这一新鲜的消费观念。大家都把到水吧喝水并买些特制的水回去当成了时尚，他的生意因此异常红火。

寡淡无味的清水，在旁人看来，除了解渴外再普通不过了。但他却敏锐地发现了蕴藏在水里的机会，并将其开发出来，成为了自己人生的新起点。

梦想传承

　　每一个人都崇尚梦想，孜孜不倦地追求着梦想，认为梦想如突然一现的火花，可遇而不可求。其实，当你执着于某事时，也许一件小事就能成为你梦想的一个契机。这个时候，你会发现，梦想这束火花实际上已经离你不远。

让心灵先到那个地方 ▶▶▶

没有梦想，心灵将会成为一块荒漠。只要有了梦想的种子，成功之花才可能绽放。

小时候的约翰·戈达德，每当有空的时候，总会拿出祖父在他八岁那年送给他的生日礼物，一幅已被卷了边的世界地图看。

十五岁那年，这位少年一口气写下了127项人生的宏伟志愿：要到尼罗河、亚马孙河和刚果河探险，要登上珠穆朗玛峰、乞力马扎罗山和麦金俐峰，要驾驭大象、骆驼、鸵鸟和野马，要探访马可·波罗和亚历山大一世走过的道路，要主演一部《人猿泰山》那样的电影，要驾驶飞行器起飞降落，要读完莎士比亚、柏拉图和亚里士多德的著作，要谱一部乐曲，要写一本书，要拥有一项发明专利，要给非洲的孩子筹集100万美元捐款，等等。毋庸置疑，这是一场马拉松式的人生征程。

六十岁时，约翰·戈达德经历了18次死里逃生和难以想像的艰难困苦，已经完成了其中的106个目标。约翰·戈达德常说的一句话是：我绝不放弃任何一个目标，一有机会我就出发。当有人问他是什么力量促使自己成功时，他轻松地回答："很简单，我只是让心灵先到达那个地方。随后，周身就有了一股神奇的力量。接下来，就只需沿着心灵的召唤前进就好了。"

"让心灵先到那个地方"，多么富有诗意的回答！"那个地方"其实就是心中的目标，就是高耸在自己前行方向上的路标。正是有了路标的指引，哪怕遇到艰难险阻、狼群虎豹，哪怕是荆棘遍地，哪怕摔得遍体鳞伤，也其乐融融，一股豪气油然而生。

在英国，一位腿患严重慢性肌肉萎缩症，走起路来都异常困难的青年斯尔曼，凭借仅有的一条好腿、顽强的毅力和持之以恒的信念，创造了一个个令世人瞩目的壮举：十九岁，登上了世界最高峰珠穆朗玛峰；二十一岁，登上了阿尔卑斯山；二十二岁时，登上了乞力马扎罗山；二十八岁前，征服了世界上所有著名的高山。

然而，在他二十八岁时，却突然自杀在寓所里。什么原因使功成名就的斯尔曼弃世而去呢？人们发现了他留下的痛苦遗言："我的父母是登山爱好者，他们在一次登山事故中死去，临死前让我完成他们的愿望，我也以此为目标而努力。如今，功成名就的我感到无事可做了，我没有了新的目标。"这封遗书为人们解开了这个谜底。当把巍峨、困难都踩在了自己的脚下之时，一直支撑着斯尔曼生命一往无前的精神支柱一下子坍塌了，他也因此而失去了人生的全部。

看来，无论是杰出之士还是平庸之辈，无论是青春少年还是耄耋老翁，无论是健康之躯还是身患残疾，最根本的区别不在于智慧的高低，也不在于幸运之神是否青睐有加，而在于有无永恒的目标追求。无论自己已经拥有多么辉煌的成就，无论自己所从事的事业多么平凡普通，当你决定要培育出成功的鲜花时，你就应该事先在心中暗暗种下追求的种子——"让心灵先到那个地方去！"让它绽放出鲜艳和美丽来！

一壶沙子变成了清冽的水 ▶▶▶

　　一个沉甸甸的水壶，支撑着队员们穿过了沙漠，没有人知道，这个水壶里装的并不是水……

　　浩瀚的沙漠中，一支探险队在艰难地跋涉。头顶骄阳似火，烤得探险队员们口干舌燥，挥汗如雨。最糟糕的是，他们没有水了。水就是他们赖以生存的信念，信念破灭了，一个个像散了架，丢了魂，不约而同地将目光投向队长。这可怎么办？

　　队长从腰间取出一个水壶，两手举起来，用力晃了晃，惊喜地喊道："哦，我这里还有一壶水！但穿越沙漠前，谁也不能喝。"沉甸甸的水壶从队员们的手中依次传递，原来那种濒临绝望的脸上又显露出坚定的神色，一定要走出沙漠的信念支撑他们跟跄着，一步一步地向前挪动。看着那水壶，他们抿抿干裂的嘴唇，陡然间增添了莫名的力量。

终于，他们死里逃生，走出了沙漠，大家喜极而泣之时，久久凝视着那个给了他们信念支撑的水壶。

　　队长小心翼翼地拧开水壶盖，缓缓流出的却是一缕缕沙子。他诚挚地说：“只要心里有坚定的信念，干枯的沙子有时也可以变成清冽的泉水。”

梦想传承　　沙漠中，信念可以将干沙变成清泉；生活中，信念可以将有些乏味的奋斗过程，变成一次绚丽的探险。只要你坚定了自己的方向，明确了自己的目标，相信自己有足够的能力走出沙漠的梦想，沙漠也就变得渺小了。

我在北师大等你 ▶▶▶

她成就了他的传奇，他为了梦想创造了一个奇迹！

开学后不久，她又收到了他的短信，他说他在北师大附近的一所民办大学读书。

10月，他的学校举行新生运动会，借了北师大的操场。运动会结束后，他一个人坐在运动场空荡荡的台子上放声痛哭，他给她发了一条短信说："我觉得这个校园应该是我的。"从那以后，他经常悄悄地溜进北师大，但从来没去找过她。有一次，她明明看见了他，但他一闪又不见了。

一天，她给他发短信说："你来北京这么长时间了，我请你吃顿饭吧？"他回道："好啊，好啊！你们这儿老吃米饭，你就请我吃馒头吧！"

那天，他们第二次见面了，她觉得他瘦了一些，还像以前那样浑身洋溢着青春的气息。她不停地鼓励他："读哪所大学并不重要，重要的是你如何度过大学这几年，如果你能够坚持不懈地学习，机会就会时刻在等着你。好好加油吧，我等着你考我的研究生！"

第一学期过完的时候，她得知他是他们学校一等奖学金的获得者，他是他们学校最优秀的学生。但他却做了一件事先没跟任何人商量的事，他直接找到校长说："我要退学。"

校长惊讶地问："为什么？"

"我要再考一次北师大，在那里，有位老师在等我。"他笃定地说。

"那位老师知道你要退学吗？"

"不知道。"

"你还是个孩子，这事关你的前途，不能这么冲动啊！"校长语重心长地说。

"校长，我十八岁，我想做一件即使我到了八十岁都不会后悔的事情！"

校长点点头，拍拍他的肩膀说："我祝你成功！"

就这样，他到了家，用同样的话说服了家人，最后他又发短信告诉她："老师，我复读了，暑假后，我们北师大见。"

复读，谈何容易啊？万一还考不上北师大，他又如何承受呢？她为他不安起来。

复读的那段时间，他们经常通短信，她一直鼓励着他。三月份，艺术系开始报名了，报名总共是三天。第一天，他没有来；第二天，他还没有来；第三天的上午过去了，他依然没有来。中午，他给她发了个短信说："老师，我害怕了，我越复习越害怕，我可能考不了了。"

她的心里一阵紧张，最怕的事情终于来了，她回道："孩子，打仗不是不能失败，而是不能败给自己！"

他看到这个短信，一路跑来，终于赶在结束报名之前的一个小时，报上了名。她说："我在北师大为你加油！"

再次相见是在艺术课的考场上，他进来说："老师们，又看见你们了，我就说说我这两年的经历吧！"

她终于知道，原来，他之所以上次考得那么差，是因为在高考当天的凌晨，他得了急性阑尾炎。手术过后，他还没从麻醉状态中缓过来，就要上考场。父母和医生都阻止他，他说："我要去北京，北师大的老师还在等着我呢，我要是不去，会后悔一辈子的。"最终，他走进了考场。但麻醉消失的时候，疼痛如洪水般袭来，汗水浸透了他的衣服，滴落在试卷上……

考试被迫中断了，因为所有的女老师都在哭，男老师的眼圈也红红的。后来，有个老师说："这个世界上还有什么事能难倒这个孩子？"

终于，他以高分考进了北师大。报到的那天，他从青岛坐上车就开始给她发短信："老师，明天早上迎新生，您在吗？"

"我在，我肯定七点钟就站在校园里等着你。"她回道。

早上，他到了，远远地她就看见他拿着手机，满头大汗地跑着，直到他来到她的面前。这是他们第四次见面，这个时候，他成了她的学生。

现在，这个孩子还在北师大读书，他的成绩非常好，各方面表现都很优秀，是北师大最优秀的学生之一。

一天，他给她发短信道："妈妈让我知道什么是勇者不惧，老师让我懂得什么是智者不惑，您让我知道什么是仁者不忧。您在我心中的这三重身份，时时刻刻伴随着我成长。有了这三盏明灯，路再远，夜再黑，我也能够勇往直前地走下去。"

　　她成就了他的传奇，成就了他的奇迹，而其实，他又何尝不是她的奇迹呢？

<table>
<tr><td>梦想
传承</td><td>　　他为了再次考取北师大，做了一件事先没跟任何人商量的事——退学。他说服了校长和家长，选择了复读。他心怀梦想，终于得偿所愿。他的故事告诉我们只要有目标，有梦想，有不断前进的力量，还有什么事能难倒我们呢？</td></tr>
</table>

穆拉特的金雕 ▶▶▶

有时你的梦想达到是一种幸福，有时梦想破灭也是一种幸福。

一支商队，穿过茫茫戈壁，来到了前苏联边境的一个小镇。镇上的年轻猎人穆拉特是个热情好客的人。他广交朋友，引得一些南来北往的商人宁可不住舒适的旅馆，也要挤到他家的小屋里住几天。这支商队的头人，进了小镇，熟门熟路，径直往穆拉特家走去。

穆拉特迎了出来，商队头人跳下骆驼说："朋友，今天我不在这儿住，我要继续赶路。"穆拉特很生气："怎么，嫌我招待不周？"商队头人摆摆手："不，不，亲爱的穆拉特，我欠你的情太多啦，所以我特地来送件礼物给你。你看！"商队头人边说着边把穆拉特带到一只骆驼前。这只骆驼的驼峰上搭着一只笼子，笼子里关着一只幼小的金雕！穆拉特惊喜得不敢相信自己的眼睛，"这，这是送给我？"商队头人摘下笼子，递给穆拉特：

"拿去，好好调教调教，让它成为你的亲儿子！"

穆拉特激动得两手哆嗦，盯着笼子里的金雕看个没完，连商队走了也没发觉。

对猎人来说，一只好猎鸟比一群马还值钱，何况这是只幼小的金雕！因为幼小的金雕比大金雕要容易训练。穆拉特有一套自己的训雕方式，可他并不满足。他骑上马，到远离镇子的小村落向老猎手们讨教，然后制定出完整的训雕方案，就连小雕的食谱，也详细地记在本子上。

穆拉特不管到哪儿，都带着小金雕。他总是亲自照料它，而且不让任何人碰它，就连对它吹声口哨也不行。小金雕长大以后，他便缝了双皮手筒子套在手臂上，以防被金雕的爪子抓伤。

一开始，他把小金雕带到草原上去训练，将一只瘸了腿的老兔子放出去，让小金雕将它赶回来。后来，他又带小金雕到山里去捕山鸡、水鸭……小金雕一个月比一个月壮了。一年多后，它长成了一只大金雕。有一天，它居然捕获了一只金狐！穆拉特欣喜欲狂，因为这标志着他的金雕成熟了，现在是只名副其实的猎雕了。

这年春天的一个早晨，穆拉特一觉起来觉得自己的心情特别舒畅，浑身似乎有使不完的劲，于是他想出去打猎。他的老母亲却在一旁唠叨："孩子，今天我总是心神不安的，好像有什么不对劲的事儿要发生。你别出去，留在我身边，要不，我会为你担心的！"穆拉特笑笑："妈妈，您年纪大了，总会感到这儿不舒服、那儿不舒服的。这跟我去打猎有什么相干呢？我有金雕，您什么也不用担心！"说罢，他跨上马，让金雕站在自己肩上，到山里打猎去了。

山里凉风拂面，百鸟齐鸣，穆拉特真是心旷神怡。

忽然，金雕的头先是向左一侧，然后又向后向右一侧，它在倾听着什么声音。还没等穆拉特抖动肩膀命令它出击，它已将身子一抖，展翅腾空而去。穆拉特十分惊奇，因为他的宝贝金雕从没这样自作主张过。他向四周看看，除了几棵大树，一片草地，别的什么也没有。

当穆拉特仰头望着蓝天时，他才发现，天上有两只雕，在并排盘旋着。

另外一只雕从何而来？是雌雕，还是雄雕？难道是自己的心肝宝贝看上了天上的雕？穆拉特心里很乱，他理不出个头绪来，便吹声口哨，想把金雕唤回来。

怪事发生了，金雕拒绝从命，依然跟那只雕在天空盘旋着，它对主人数次发出的口令却充耳不闻。

这时，穆拉特感到事情不妙。看来那只野雕来者不善，它要引走他的心肝宝贝了，说不定他的心肝宝贝要弃它而去了。

人，常常以自己的心理去猜测动物的行为。此刻，穆拉特只猜对了一半，另一半则猜错了！天上飞来的，的确是只雌雕，但它是穆拉特的这只金雕的亲生母亲。

也许，它千里寻子，终于找到了自己的儿子；也许，别处无法生存，它看中了这块宝地，跟自己的儿子不期而遇。它们在天空盘旋着，交谈着。它们在叙述别后的想念，说不准，母亲正在劝儿子离开猎人，去过自由自在的生活。

但是穆拉特的金雕感激穆拉特的养育之恩，不愿离开。于

是，母子间发生了争执，雌雕不怨自己的儿子，而是把满腔愤恨迁怒到草地上那个骑在马上的人的身上。它怒不可遏，俯冲下来……骑在马上的穆拉特，根本无法听懂天上这两只金雕在讨论什么。他仰着头，焦急地期待着，期待着他的金雕赶快飞回来。

穆拉特睁大眼睛看着。忽然，那只野雕收拢翅膀，一个转身，直向地上扑来——不，是朝他扑来。另一只金雕——对，那是他的心肝宝贝，也随之扑过来。

还没等穆拉特弄明白是怎么回事，那只野金雕已伸出爪子，将穆拉特的肩膀连衣服带皮肉都抓破了。

穆拉特翻身落马。野金雕扑上来，用那铁凿子似的喙，猛地朝穆拉特啄去，穆拉特就地一滚，旁边的地上留下一个深深的小坑。野金雕见啄他不着，一扇翅膀，扬起一阵尘土，逼得穆拉特睁不开眼睛。就在这时，野金雕又向前一跃，伸出爪子去抓穆拉特。穆拉特连滚带爬，想躲到马肚子下面去。可这匹老马一辈子也没见过这场面，吓得四蹄一蹬，"嘚嘚嘚"地逃下山去了。

穆拉特最终没逃过野金雕的铁爪，顿时肩头皮开肉绽，连骨头都露出来了。

穆拉特惨叫着，双手捂着脸，在地上翻滚。当野金雕再次扑上来，打算将穆拉特拎到天上去遨游一番时，穆拉特的心肝宝贝看不下去了。它起先站在一旁观战，只是想让母亲发泄心中的不满而已。当母亲动真格要置主人于死地时，它出面干涉了。对这只猛禽来说，也是忠孝难以两全啊，一方是它的亲生母亲，一方是喂养它的主人，它该偏向哪一边？小金雕的最佳选择，是赶走母亲，救下主人！于是，它扑着翅膀，拦住母亲的疯狂进攻，它用自己的喙狠狠啄了一下母亲，以表示它保护主人的决心。

倒在地上的穆拉特，吓得魂不附体，他的两只手臂血肉模糊，已经无力反抗什么。他侧着身子躺在地上，看着两只金雕在地上打斗。它们互相用喙啄，用爪子抓；它们互相扇动翅膀，相互追逐，搅得地上尘土飞扬，就像两个战士在骑马交战一样，它们由沙地打到草地上，又由草地打到天上……穆拉特仰头看着，两只金雕在天上厮杀着。不久，下雪似的，天上落下一片片白色的羽毛……再后来，穆拉特两眼一黑，便昏死过去——他流血太多了。

待穆拉特醒来时，四周一片寂静，只有他的金雕警惕地守在他身旁。

不一会儿，山下传来吵吵嚷嚷的叫喊声，夹着一阵呜呜的哭声。穆拉特听得出来，那是他母亲的哭喊声。

那匹老马，虽说是临阵逃脱，但它还是立了大功：它奔回去，将村子里的人带来救主人了。

人们七手八脚砍下树枝，又纷纷脱衣解带，扎了个担架，将穆拉特抬了上去。穆拉特躺在担架上，他央求母亲把他的金雕放在他怀里。于是，人们抬着他和他的金雕下山了。

半空中，一只野金雕凄厉地叫喊几声，刺破长空，飞走了。那凄厉的叫声，是对人类的咒骂，还是向儿子泣别？没人知道。

穆拉特目睹了事情的全过程，他只以为自己的心肝宝贝赶走了一只野雕，救了他一命。而他并不知道，自己的心肝宝贝今天内心经历了多大的挣扎啊。它赶走了自己的母亲，放弃了自由，放弃了天空的梦想，心甘情愿地当他的奴隶！

梦想传承　梦想，本是让自己活下去的原动力，是让自己开心的原因，是会带你走过喜怒哀乐的旅程，是为自己画的蓝图！没有梦想，即没有某种美好的愿望，也就永远不会有美好的现实。那么，它的梦想还在吗？

度假的黑马 ▶▶▶

马儿都享有了度假的权利，那还有什么梦想是不能实现的呢！

让马度假？这听起来是不是很不可思议呢？这可是很多马一辈子想都不敢想的事情。但是在丹麦的韦勒公司，就有一条规定——凡是给公司干活的马，都享有度假的权利。这个规定的由来还得从四十多年前说起，是一匹黑马成全了韦勒公司后来所有马的梦想。

那时，赶车的彼得森驾着他那辆运货车，每天都准时在哥本哈根城里来来去去。彼得森戴着厚厚的眼镜，整天乐呵呵的。他为历史悠久的韦勒公司已经赶了几十年马车，他驾的一匹黑色的马名叫麦克，跟他一样温和。

每天，麦克套着闪闪发亮的轭具，马头一颠一颠，从容不迫地从哥本哈根城里那些商人、伙计和警察身边走过。它很讨厌汽车，但是，一旦汽车挡了道，它也只不过喷喷鼻子，瞪瞪眼珠。

只有一次，哥本哈根的市民们目睹了黑马麦克大发脾气的情景。

那是1944年，城里的丹麦警察与德军发生了枪战，双方打得难分难解，子弹"嗖嗖"乱飞，马车根本无法驶进城区。黑马麦克在街口足足停了10分钟。

黑马麦克用蹄子不断地刨地，鼻息喷得很响，显得十分不耐烦。彼得森拿出一小口袋精饲料，想让它边吃边消磨时间。突然，黑马麦克仰首一声长啸，迈开双腿，拉着装满啤酒的槽车向硝烟浓烈处冲过去。它低着头，只顾往前冲，并且越奔越快。德国兵弄不清是怎么一回事，惊慌失措地四下散开。车子冲出很远后，黑马麦克才放慢步子，带着一种不屑回头的样子，跨着威严的步伐，缓缓地走向城中的商业区。

黑马麦克勇闯德军关口的新闻，很快传遍了哥本哈根城的大街小巷，居民们津津乐道地议论了好几天。

没过多久，彼得森来到韦勒公司的办公室办理度假手续。不过，这次他申请带黑马麦克一起去海边度假。

彼得森说："先生，黑马麦克为公司干了14年，它自出生至今，还没去过海边，你们得批准这个请求。"

经理们从来没听说过这种荒唐的要求，但鉴于黑马麦克不久前的出色表现，大家还是同意彼得森带黑马麦克去度假。

在一个晴朗的夏天，彼得森和黑马麦克出发了。黑马麦克很快发现自己走的不是走惯了的路线，这里的道路清静干净，两旁绿树成荫，主人也不拉紧缰绳，只顾着"哇啦哇啦"唱歌。

黑马麦克猛地停下来，回头望着主人，似乎在对他说："不对劲啊，主人！"

彼得森继续唱着十分悠扬的丹麦民歌，过了好久才说了一句：“咱们现在要到海边去度假，这段时间，你不用干活了！”

黑马麦克似乎明白了，它晃动着耳朵，昂首阔步，又前进了。到了旅馆，周围是一大片草地，彼得森拍拍黑马的鼻子说：“去玩吧，玩个痛快！”

黑马麦克小跑了几步，踩在松软的草地上的感觉，跟城里的马路大不相同，它兴奋地"咴——"的长嘶一声，后腿一蹬，立即蹿了出去。黑马在草地里发疯似的跑了一圈又一圈，很晚才回到旅馆。

第二天早晨，彼得森发现，黑马麦克在窗外忧郁地望着大路发呆。他知道，这匹马蹲惯了城里的马厩，不喜欢在空旷的露天过夜。他马上出来给黑马喂燕麦，提醒它说：“别老是想着干活，你现在是在度假呀！到附近逛逛去吧。”

黑马麦克终于觉得周围有许多让人好奇的东西吸引着它。它一会儿嗅嗅鲜花，一会儿啃啃青草，一会儿若有所思地盯着草地里的牛、羊和猪。接着，它又跟在鹅群后面来到院子里。当它把头伸到一只鹅的面前时，那只鹅毫不客气地在它的鼻子上啄了一口，引得整个鹅群"吭吭吭"地叫着向它进攻。黑马麦克一边撒腿跑，一边回头看，似乎觉得刚才那游戏很有意思。

彼得森明白，对于黑马麦克来说，最大的考验是下海。他想尽种种办法，黑马麦克就是不敢把马蹄踩进海水里。最后，彼得森想到了唯一的办法。

彼得森一步一步跨到海水里，一个又一个浪头打过来，很快，他的身影消失在海里了。黑马麦克显得十分不安，它在沙滩上跑来跑去，惊恐地嘶鸣，最后不顾一切地冲进海里，要去救出主人彼得森。这时，彼得森从海水中钻了出来，对着黑马麦克哈哈大笑。黑马一个急停，愣住了，它明白上了主人的当，但它马上发现嬉水很有趣。它终于不怕海水了，在海里奔啊，游啊，溅起一片又一片水花，快乐地引颈长嘶。

从这以后，黑马麦克喜欢上了大海，彼得森每天要费很大的劲，才能把它从海里拉出来。

度假回来后，黑马麦克干活更有力气了，天天都精神满满的。于是韦勒公司决定从此以后所有的马都享受度假，马儿们的梦想实现了！这一切都要归功于黑马麦克呢！

梦想传承 马儿们的梦想实现了！这一切都是归功于黑马麦克。自从度假回来后，黑马麦克干活似乎更有力气了，天天都精神满满的。动物和人一样有着梦想，相信这也是所有马儿的梦想，马儿的梦想都已经实现了，那还有什么梦想是不能实现的呢！

落叶是秋天的收获 ▶▶

初恋犹如春天里的雪花，看似很美，但落到地上却什么都没有了……

1.相逢

认识春子是在一个收获的季节。九月的中旬正是高校开学的时间，云被一所普通的理工院校录取。大一新生报名往往是统一组织的，云挤在人群中一边抱怨一边无奈地等待着，虽说已经是秋天，但气候还是热得令人窒息。

"咯咯…"吵闹的人群中传来了清脆的笑声，一个瘦小的身躯，一双传神的眼睛，欢乐撬起的双唇下露出了一对可爱的小虎牙。她那喜悦的神采完全吸引了云。

那晚，云在日记本上写到："……她是一个快乐天使……"

2.相识

军训是大学生活的第一课。穿上绿色的军装，配上长长的步枪，是每个大学生无比自豪的事情。但让云兴奋的不仅仅是这些，还有自己竟然与那天邂逅的女孩在一个连队。

她叫春子，是一个来自南方的辣妹子，因为母亲分娩于春天，故父母给她取名叫春子。优越的成长环境培养了她开朗的性格，所以她总有讲不完的趣味，说不完的开心事。

云注视着春子的一切，在云的眼里她是那么的可爱！当然也赢得了同学和教官的喜爱。春子每天带来的欢乐使云那颗因高考失利而受伤的心灵渐渐地好了起来。他们开始交谈了，谈他们的过去，他们的理想，他们的未来……

3.想念

一个月的军训使这些象牙塔下的学子们累得苦不堪言，而对于云来说，一切都太短暂了，他怕军训结束后再也见不到春子，

见不到那可爱而带有几分稚气的笑脸。

为了使同学们有一个适应的过程，军训后是一周的休假时间，云还是整天在家呆着，好像少了春子，他一下子又回到了原来的自己，再也无法高兴起来。他多么期盼见到春子。

也许是过于思念一个人，七天的时间老感觉过得太慢，云从来没有过这样的感觉。记得高三寄宿时有一点点思家，但远远没有现在的强烈。

每天晚上是云最甜蜜的时刻，因为他可以做梦，梦到春子，她的每一个微笑，还有嘴边绽放的小酒窝。

4.相恋

新生开学总喜欢在学校到处走走，看看学校的环境怎么样，邻班有没有自己认识的伙伴。

云无助地漫步在学校的池塘边，他在回想开学的这一切好像都是海市蜃楼、昙花一现，正如郑钧唱的那首歌《幸福可望而不可即》。内心不断呼唤：春子你在哪里，出来见我好吗？

"咯咯……"是春子的笑声，云的知觉肯定地告诉自己。他迫不及待地沿着笑声传来的方向飞奔去，果然是春子！她正和几个舍友在一起嬉戏着。春子见了云先是一脸的惊讶，然后就滔滔不绝地侃了起来。云再一次获得了新生。

原来春子的教室就在不远的南楼，聪明伶俐的她天生就有许多出奇的鬼点子，所以她报了广告艺术设计。

云总是隔三差五地去找春子，约她一起出去逛街，看电影……久而久之，春子班里的同学都认为云是春子的男友。然而春子也没有否认，云发现自己深深地喜欢上了这个女孩，只有和她在一起自己才能获得无限的乐趣。

他在日记中写到："她是我的快乐天使……"

5.担忧

转眼一学期的大学生活已经结束，深重的学习任务使云再也没有过多的时间去陪春子，春子老是埋怨云不去找她，慢慢地两人偶尔会发生口角，每次当春子被气哭了，云总会想方设法地逗春子笑起来，然后雨过天晴。他们的生活总是在小吵小闹中延续下去。

虽然两人之间没有过多的分歧，但云是否感到其中蕴藏着一种危机。春子是一个喜欢浪漫的女孩子，而云却不愿将自己过多的时间花费到无聊的享乐之中，他始终把学习放到第一位。两个人之间再也没有讲不完的故事了，慢慢地彼此变得无言了。

随着时间的流逝，两人在一起的时间好像越来越少了。但彼此还是非常珍惜这份感情的，所以谁也没有轻言放弃。

6.分散

渐渐地春子的身边多了别的男孩子，起初云没有太注意，但慢慢地一切都明白了…

终于有一天，春子告诉了云："我们分手吧，我会记得我们在一起的日子。"云没有太多的诧异，只是泪水顺着脸颊不住地往下流。爱一个人就要始终给她一片自由飞翔的天空！春子需要一个经常陪伴在她身边的男孩子，而他做不到……

那时也是一个收获的季节，只是比去年来的晚了一些。云在日记中写到："天使飞走了，但她把快乐留下来了。"

7.相思

悲凉的秋风飕飕地刮着，黄叶随着秋风不断飘落，短暂的爱情没有获得圆满的结局，但她却使云走出了失败的阴影，重新获取了生活的信心。

初恋，犹如春天的雪花，飘在空中时看似很美，但一落到地上却什么都没有了。

许多年之后，有一位哲人会说："其实，落叶是秋天最大的收获。"

梦想传承

人性最可怜的就是：我们总是梦想着天边的一座奇妙的玫瑰园，而不去欣赏今天就开在我们窗口的玫瑰。

就如同雪花虽美，却虚无缥缈，落叶虽然显得有些枯萎，它却能"化为春泥更护花"。选择梦想也正当如此，什么梦想是雪花，什么梦想是落叶呢？

飞轮海中的穷小子 ▶▶▶

年轻的时候，遇到失败，总是必然，如果你能够坚持，那些必然的失败也可能带来必然的成功。

汪东城的成名之路七弯八拐并不顺利，十八岁时，因为爱唱歌，他便跟几个好友组团到处表演，参加比赛，因为出色的表现和帅气的外形，后被国际唱片公司签下。当时的他春风得意，一度让他对自己的未来充满信心，却因9·11事件而梦碎。

要独自负担家中债务的江东城二十六岁那年，父亲早逝，母亲只能把感情倾注在他身上，为了还债努力打拼事业。一切都显得异常沉重。看他像个孩子般掉下男儿泪，记者其实松了口气，这总比强颜欢笑健康得多。

但不管再累，汪东城必定贴好双眼皮才出门，拍照前化妆时间要比女星化妆时间还要长，他一向比别人努力。吴尊是文莱的贵公子，炎亚纶的父亲是肾脏科名医，辰亦儒的爸爸从事外贸生意，除了汪东城之外，飞轮海的其余成员都在优渥的环境中长大，穷小子汪东城至今家中仍负债几百万，等着他去还，他必须压榨自己付出更多。

父亲留下500万房贷，汪东城挑战不可能的养家任务，不装开朗又能如何？他因同学推荐去当模特儿，试镜时唱片公司当场签下他，本以为好运降临但竟是空欢喜。他回忆："我排在周杰伦和陈小春之后发片，但9·11之后BMG整个制作部被裁掉，期待太高，失落很大，我那一晚哭得很惨，因为觉得对不起很多人，也对不起我妈。"

简直是衰到离奇，从当时汪东城演出《恶作剧之吻》受到注意，中间又经过三年的低潮，期间他去当兵，回来后他还是没有放弃。"觉得自己有点傻，我的环境我的背景，根本没办法支持我去做这件事。但那时我又觉得，反正自己还年轻，当然要去冲一下啦！而且我不希望老的时候，还无奈地抱着小孩说，爸爸年轻的时候有一个遗憾……"

梦想传承

　　汪东城的青春偶像故事里，多了别人没有的辛酸，这是他必须面对的现实，也是他成长的道路上最值得我们关注和学习的地方。他在沉重的债务面前表现出的责任感，在遭遇突发事件时展现的坚持不放弃的精神，让这个青春偶像有了更多值得我们学习的地方。

　　其实，每个人的生活都必须经历一些磨难，能够对自己的命运担起自己的责任，能够在自己的人生面前坚持自己的梦想，才是我们战胜生活磨难的关键点。

把儿时的梦想坚持百年 ▶▶▶

一个将梦想坚持了百年的人，魔鬼也许可以阻挡她实现梦想的脚步，却无法阻挡她梦想成真！

恐怕很多人都已经记不清自己儿时的梦想了吧？但有个女孩却一直坚持着自己儿时要做世界冠军的梦。为此，她每天都早早起床跑步，课余时间除了帮父母做家务就是参与各种体育活动。

后来，她不得不忙于学业；再后来，她又结婚、生子，然后要照顾孩子。孩子长大后，婆婆又瘫痪了，她又要照看婆婆。接下来，她又要照顾孙子……转眼间，她已经六十多岁了。总算没有什么让她分心的事情了，她又开始锻炼身体，想实现童年的梦想。她的丈夫开始总是笑她，说他没见过一个六十多岁的人还能当冠军的。后来他却被她的执着感动，开始全力支持她，并陪她一起锻炼。三年后，她参加了一项老年组的长跑比赛。本来就要实现她的冠军梦了，谁知就在她即将到达终点的时候，不小心摔了一跤，导致她的手臂和脚踝都受伤了。与冠军失之交臂的她痛惜不已。

等伤好了，医生却警告她，以后不适合再参加长跑比赛了。她沮丧极了。多年的心血白费了，难道冠军梦就永远也实现不了了吗？这时，丈夫鼓励她说："冠军有很多种，你做不了长跑比赛的冠军，可以做别的项目的冠军啊。"从此，她开始练习推铅球。

允许老年人参加的比赛并不多。七年后，她才等到了机会，报名参加了国外一场按年龄分组的铅球比赛。但就在出国前夕，她的丈夫突然病倒了。一边是等待了多年的争夺冠军的机会，一边是陪伴了自己大半生的丈夫，她最终放弃了比赛的机会。

多年后，她终于等到了世界大师锦标赛。这场大赛不仅包括铅球比赛，而且参赛选手的年龄不限，并按年龄分组比赛。不过，这项比赛却是在加拿大举办，离她的国家太远了。她的儿孙都不让她去，因为当时的她已经快八十岁了。虽然不能去，但她依然坚持锻炼。她坚信，自己有一天一定能当上冠军。

转眼间，又二十多年过去了。2009年10月份，世界大师锦标赛终于在她的家乡举办了。来自全世界95个国家和地区的28292名"运动健将"参加了本届全球规模最大的体育赛事。虽然当时的她已经年过百岁，但没有人能再阻止她的冠军梦了。

那一天是10月10日，阳光明媚。她走上赛场后，举重若轻地捡起八斤多重的铅球放在肩头、深呼吸，然后用力一推，铅球飞出4米多远。这一整套流畅的动作让现场的观众们惊呼不已，都纷纷站起来给她鼓掌。她也凭此一举夺得了世界大师锦标赛女子100

岁至一百零四岁年龄组的铅球冠军。

记者问她："您这么大年纪还能举得起这么重的铅球，真是令人惊叹。您是怎么锻炼的？"她骄傲地回答说："我每周5天定期进行推举杠铃训练，我推举的杠铃足有80磅(约36.29千克)。虽然我知道，只要我参赛就一定能获得冠军(在这个年龄段，能举得起这个重量，还能来这里参赛的人只有她一人)，但那样对我来说太没意义了。我要向所有人证明，我不是靠幸运，而是靠实力夺取冠军的。"她的话赢来了众人热烈的鼓掌。

她就是澳大利亚的百岁老太——鲁思·弗里思。

梦想传承　　心有多大，舞台就有多大，没有做不到，只有想不到。只要我们有梦想，就要对自己说：我可以，我一定行。勇于面对自己的不足，超越自己的格局，承担失败，汲取教训，从头再来。如果你一败涂地，从此一蹶不振，那你只能望洋兴叹，遗憾终生。

给自己画一扇窗 ▶▶▶

当你能飞的时候，就不要放弃飞翔；当你能梦的时候，就不要放弃梦想。

父亲坐在灶头抽旱烟，一边皱着眉头，一边说："和你同龄的军子，每个月都往家里寄钱呢。你还是不要复读了。"听了父亲的话，他没言语，点点头，泪水不争气地掉落下来。

他进城打工，却什么手艺也不会。看到一个小吃店在招聘洗碗工，他就去了。每天干到半夜，那些油腻腻的碗盘好像永远都洗不完似的。当回到那间只有7平方米的地下室时，他累得趴在床上就起不来了。

干了一个月，他领到第一份工钱，就跳槽了。他想，碗洗得再好，又能如何？他想做厨师。结果跑了好几个小餐馆，都没人要他。到第6家时，人家问他会烧什么菜，他老实地回答，会烧家常菜。老板答应留下他，试用一天。

晚上还是碰到了难题，客人点的很多菜，他连菜名都没听说过。他站在炉灶旁束手无策，老板也看在了眼里。于是他就偷看人家怎么烧，红烧胖头鱼、水鸭绿豆面、宁式鳝丝。看完三个菜，老板说："请你另谋高就。"他只好打包出门。

刚学会的这三道"拿手菜"，让第7家酒店的老板点了头。那两天，他最早上班，打扫厨房，准备菜料，自己买了一包烟，给大厨递烟。大厨教给他很多烹饪基础知识，他也学到了烹饪海鲜的几种常用手法。可几天后，因为烤焦了一只鸭子，老板炒了他。

他汲取了教训。一道外焦里嫩、喷香扑鼻的烤鸭，让第8家酒店的老板喜笑颜开。在那里，他为了学到蒜蓉汁、葱油汁、剁椒汁是怎么熬制的，晚上请大厨去吃夜宵，点了几个要用汁的菜。大厨一边品尝，一边点评，调味如何、火候怎样、用料合不合理。他在心里一一记下。

第15家店，是他炒老板的鱿鱼——他觉得在那家店里做事，没有什么技术可学了。在每一家店，他都学到了自己缺少的东西。上一家失败的经历，便成为他赴下一家的经验。他的"招牌菜"也越来越多。

两年后，他成为一家酒店的大厨。三年后，他是另一家酒店的首席厨师。四年后，他承包了当地一家规模最大的酒店，请了4个厨师，总共18个员工。在这家酒店厨房正常运转后，他自己就到全国各地拜访师傅，四处学艺。到杭州，向杭帮菜大师取经；到四川，学习川菜；下广东，学煲汤的奥妙……

在他的厨房承包生意蒸蒸日上，每月营业额达100万元时，他又做出一个让人不解的决定：在一家四星级大酒店的厨房打杂，一个月500元。端盘子、洗厨灶，最脏最累的活都归他。从原来的"总厨"到一个"打杂的"，他一点抱怨都没有。厨房的水、油、灶和各种电器的卫生，他都做得井井有条。半个月后，饭店的香港厨师长要炸鱼丸，没想到他已把要用的调料全部配好，令厨师长对他刮目相看。了解到他的情况后，当即升他为副厨，月薪1800元……后来，他放下副厨的职位，申请去做传菜员，他对饭店的前厅和后厨管理提出的建议也被管理层采纳了。

现在，他是北京一家餐饮集团的老板，他的公司承担着北京、上海、石家庄、乌鲁木齐等地30多家酒店的厨房事务，他的目标是，在2008年实现年营业额1.8亿元。

一天，他开着车，把我带到一间阴暗、潮湿的地下室出租房，那是他最初的落脚之地。让我惊讶的是，在那样阴暗的一面墙上，居然画着一扇窗户。

"那就是我成功的秘诀。"他说。即使是住在地下室，我们都应该给自己画出一扇窗户，让心灵照射到来自梦想的阳光。

梦想传承　　每个人都需要有梦想，心有多大，梦想就有多大。就算是一个看似不可能完成的梦想，当你学会了坚持，就算不可能也会变成有可能。只要时间不止，生命不息，梦想就永远没有尽头。能到达什么样的境界，就要看自己想达到什么样的境界。坚持的脚步不停止，迎接梦想的准备就越充足，这样才能进步，才能有更高的成就。

少先队活动：桃李满天下，恩情似海深

【活动主题】桃李满天下，恩情似海深

【活动背景】在教师节来临之际，组织好庆祝活动，努力营造尊师重教的良好校风，让我们一起向敬爱的老师们，献上我们最诚挚的感激与祝福，对进一步促进学校的教学建设和发展，具有十分重要意义。为搞好今年的教师节庆祝活动，结合我校实际，特制定本次教师节活动方案。

【活动目的】通过这次活动，让每个学生从自己的角度了解教师工作的辛苦，感受到教师默默耕耘，无私奉献的精神，由衷地向老师表示敬意，感谢老师的辛勤工作，通过实际行动表达对老师的敬意，增进了师生感情，锻炼了学生的组织活动能力，也圆了学生们在教师节来临之际感恩老师的梦。

【活动日期】＿＿＿＿年＿＿＿＿月＿＿＿＿日

【活动流程】

1. "师生情"签名

  准备：写有"老师，祝您健康！老师您辛苦了"的大字横幅一条、签字笔15支、桌椅10套、音响两台、话筒一支。

  时间：9月10日中午12：30

方案：9月10日中午在教学楼前将横幅平放于桌面，播放颂师类曲目吸引过往的同学签上自己的姓名一起庆祝教师节。

清场：活动结束后由负责组织和参与此次活动的工作人员将现场的桌椅、音响等物品搬回，条幅放到办公室保存。（文艺部和监察部）

2. "我最想对老师说的一句话"展板

准备：富含感恩背景的展板、"我最想对老师说的一句话"有奖小纸条征集、双面胶两卷。

时间：9月9日—9月10日

(1) 9月7日晚自习前召集各班班长、团支书开会进行宣传和具体实施计划内容。

(2) 九月八日晚自习到各班收集"我最想对老师说的一句话"小纸条。

(3) 九月九号整理小纸条并挑选一部分优秀小纸条贴于展板板面。

(4) 九月十号中午将展板置于主楼前。

清场：活动结束后由负责组织和参与此次活动的工作人员将现场的桌椅、音响等物品搬回，条幅至于办公室保存（宣传部和生活部）。

3. "师恩难忘，师情永驻"征文比赛

准备：9月1日晚自习召集各班班长开会、下发通知。

时间：9月8日—10月8日

方案：10月1日—10月8日交电子文档发于指定邮箱。

4. "亲力亲为"实际行动

　　准备：统计办公室数量、老师用车数量……

　　时间：9月6日—9月10日

　　方案：活动形式多样化，内容丰富（帮助老师擦车，帮助老师整
　　　　　理办公室……）（全体学生会义务劳动）。

5. "赞恩师"主题班会

　　准备：9月7日晚上召集各班班长、团支书开会并说明此次活动的
　　　　　主题班会评比要求。

　　时间：9月10日晚自习

　　方案：由各班自行组织节目，学生会派代表观看以下节目不可少：
　　　　　"赞师恩"朗诵、歌曲《感恩的心》。

Dream juvenile

第四章／一生只做一件事

　　在每个人的心中，都需要有一个可以激励我们的人，这个人，就像是我们人生中的一个引爆点，随时可以点燃我们奋斗的激情。而这样的人，在我们的周围，是那么多，荧幕上的功夫巨星，打拼出属于自己的成功；歌声中，又有那么多人记录着奋斗的痕迹；而一些人，用财富人生告诉我们金钱与汗水的比例是一比十那么壮观。

　　从那些懂得人生大智慧的人身上看人生的道理，从那些懂得社会规则的人身上找处事的方法，相信，你的追星之路，就会成为梦想之途。

别人的幸福 ▶▶▶

一个偶然的机会，这两头狮子成功交换了身份。

世界上最大的野生动物园在非洲，名叫"大林波波跨国公园"。

在那里，有一个野生动物展览馆。展览馆里有一头狮子，我们姑且叫它狮子甲吧。狮子甲从一出生就生活在铁笼子里，寂寞时，它就静静地凝望远方。那湛蓝的天空，点点飘飞的白云，草原上丰美的水草，以及那逆风奔驰的骏马，无不让它生出无限的向往。"要是哪一天能在蓝天白云下奔驰一番，该有多好啊！这就是我的梦想啊！"想完，它就开始叹息，因为眼前这冰冷坚硬的栏杆是它怎样都无法逾越的。

一天夜里，展览馆的工作人员都下班了，远处的森林里走来了另外一头狮子，我们叫它狮子乙吧。狮子乙对狮子甲说："你真幸福啊，想吃什么就会有人给你吃什么，我真羡慕你！"

"其实很寂寞的，只是你不知道。我觉得在草原上自由的生活才最幸福。"狮子甲回答。

　　"自由是自由，但是很辛苦。你这样无忧无虑的生活才是我的梦想呢！"狮子乙说道。

　　一个偶然的机会，这两头狮子成功交换了身份。狮子乙躺在了铁笼子里，每天享受着管理员送来的牛肉与活羊。它嘴里嚼着鲜肉，身上沐浴着清风，惬意极了！而狮子甲终于奔驰在辽阔的原野上了，它觉得天宽地阔，宇宙无垠，认为以前的那些日子真是白活了。

　　可是没过多久，两头狮子都死了。狮子甲在争夺食物时被其他狮子咬死了，因为它从小生活在笼子里，不懂搏杀。狮子乙呢，在过了一段衣食无忧的生活后焦躁起来，它想要自由，它一遍遍嚎叫着冲向铁栏杆，用头撞，用爪子撕扯，弄得血肉模糊，最后，它一头撞在栏杆上死了。

　　别人的幸福不是自己的梦想，所以不要去羡慕别人的幸福！

梦想传承

　　有了物质才能生存，有了梦想才谈得上生活。为了自己的梦想编织翅膀，让梦想在现实中展翅高飞，你才能真正体会到什么是幸福。

　　所以不要去羡慕别人的幸福，因为它或许并不适合自己，也始终不是自己的梦想。为了羡慕别人的幸福放弃自己的梦想，最后总是会吃尽苦头的。

画眉的挽歌 ▶▶▶

如果失去了应该有的梦想，那么活着的意义也便失去了。

八月的一天下午，天气暖洋洋的，一群小孩在十分卖力地捕捉那些色彩斑斓的蝴蝶，我不由自主地想起童年发生的一件让我印象很深的事情。那时我才十二岁，住在南卡罗来纳州，我常常把一些野生的活物捉来放到笼子里，而那件事发生后，我这种兴致就被抛得无影无踪了。

我家住在林子边上，每当日落黄昏时分，便有一群美洲画眉鸟来到林间歇息和歌唱。那歌声美妙绝伦，人间没有一件乐器能奏出那么优美的曲调来。

我当机立断，决心捕获一只小画眉，放到我的笼子里，让它为我一人歌唱。果然，我成功了。它先是拍打着翅膀，十分恐惧地在笼中飞来扑去，但后来它安静下来，承认了这个新家。我站在笼子前，聆听这个小音乐家美妙的歌声，感到万分高兴。

我把鸟笼放到我家后院。第二天，它那慈爱的妈妈口含食物飞到了笼子跟前。画眉妈妈让小画眉把食物一口一口地吞咽下去。也许画眉妈妈知道这样比我来喂它的孩子要好得多。看来，这是件皆大欢喜的好事情。

　　接下来的一天早晨，我去看我的小俘虏在干什么时，发现它无声无息地躺在笼子底层，它已经死了。我对此迷惑不解，不知发生了什么事，我的小鸟不是已经得到了精心的照料吗？

　　那时，正逢著名的鸟类学家阿瑟威利先生来看望我父亲，并在我家小住，我把小画眉鸟那可怕的厄运告诉了他。他听后，对我说："当一只母美洲画眉发现它的孩子被关进笼子后，就一定会喂小画眉足以致死的毒莓。因为它坚信自己的孩子如果得不到自由，也就失去了作为一只画眉应该有的梦想，所以死了总比活

着做囚徒好。"

从那以后，我再也不捕捉任何活物关进笼子里了。因为每当我想那么做的时候，我的耳边总会想起画眉的挽歌，那歌声似乎在提醒我剥夺一个生命的梦想是一件多么残忍的事情。

梦想传承

梦想就像星星，我们永远到不了那里，但是像水手一样，我们用它们指引航向。

无论是人类还是动物，内心深处都有着对生命和自由的渴望。对于小画眉来说，这是一个生命的梦想，当一个生命的梦想被剥夺时，生命也就不完整了。

下一世还做苍蝇 ▶▶▶

这一世，它是生活在垃圾堆里的苍蝇，好不容易逃出来，为什么下一世还要做苍蝇呢？

它是一只普通的苍蝇，在垃圾堆里化蛹成蝇。垃圾堆是城市代谢废料的集合体，然而对于苍蝇来说，这里却是天堂。这里有着丰富的食物，它们每天不费吹灰之力便可以填饱肚子，剩余的时间便是彼此追来逐去，嬉戏玩耍，真是快活无比的生活。

那是一个再普通不过的日子，一辆垃圾车像往常一样，将满满一车垃圾倒在地上。苍蝇们争先恐后地围拢过去，想从中发现更加新鲜的美味。它就夹杂在大伙的中间，然而在落到垃圾堆上的刹那，某样东西突然令它眼睛一亮。

那是一幅旧画，画上，一只蜜蜂在花丛中飞来飞去。那美丽的肤色、纤细的腰肢和轻盈的舞姿，都让这只苍蝇羡慕不已。还

有蜜蜂的工作环境，总是那么花香四溢，馥郁芬芳。它再瞅瞅自己，生活的这片天地总是乱糟糟、臭烘烘的。更让它恼火的是，几乎所有的生灵都对蜜蜂大加赞赏，而对苍蝇却鄙夷不屑甚至怒骂唾弃。究竟为什么会这样呢？

这只苍蝇不服，它觉得命运太不公平了。于是，它找到造物主，要求造物主把自己变成一只蜜蜂。

造物主见这只苍蝇如此勇敢，对它的行为大加赞赏，然后真的把它变成了一只蜜蜂。

看着自己一夜之间变成另外一个样子，它高兴极了，哼着歌儿，轻快地飞进了花丛。

"大家好！"它快乐地和其他的蜜蜂打着招呼。

"你好，欢迎你加入我们的队伍。"蜜蜂友善地冲它摆了摆触须，却并没有停下飞舞的脚步。这时，它才发现，原来这些蜜蜂在花丛中飞舞并不是玩耍，而是在采集花粉。

接下来的日子，它像一只真正的蜜蜂那样，每天早出晚归，采集一囊花粉，送回蜂房，放下。然后再飞出来，马不停蹄地飞向另一朵花。工作单调乏味不说，每天累个半死，却只能得到一点点食物。

一天两天，它还觉得新鲜，可到了第三天，它就受不了了。趁大家都在忙碌地工作，它悄悄地溜开，飞回到了垃圾堆里。

它以为一切还可以重新再来，可是不料，落在垃圾堆上它才发现，垃圾堆早已不再适合它：那些曾经在它是只苍蝇时的遍地食物，根本无法与它身上这套蜜蜂的消化系统相兼容。

最终，一只蜜蜂饿死在了垃圾堆上。

当它的灵魂重新来到造物主身边时，造物主问它：下一世，想做蜜蜂还是苍蝇？

"苍蝇！"它毫不犹豫地回答，因为它已经看清了自己的梦想和幸福。

<table>
<tr><td rowspan="3">梦想传承</td><td>　　苍蝇在垃圾场中看到的，只是蜜蜂最美的一个瞬间，当它真正走进蜜蜂的生活，它才知道，原来一切美好的光环都是通过艰辛的努力获得的。
　　这是苍蝇的生活，同样也是很多人的生活。很多时候，我们总是去看别人拥有的，却不曾发现别人的生活也有遗憾。拥有适合自己的梦想，才能好好地体会生活的滋味和快乐。</td></tr>
</table>

一生只做一件事 ▶▶▶

专心做好一件事，远比样样精通实惠得多，至少这是梦想的始发站。

我家门前有两家卖老豆腐的小店。一家叫"潘记"，另一家叫"张记"。两家店是同时开张的。刚开始，"潘记"生意十分兴隆，吃老豆腐的人得排队等候，来得晚就吃不上了。潘记的特点是：豆腐做得很结实，口感好，给的量也特别大。

相比之下，张记老豆腐就不一样了，首先是豆腐做得软，软得像汤汁，不成形状；其次是给的豆腐少，加的汤多，一碗老豆腐半碗多汤。因此，有一段时间，张记的门前冷冷清清。有一天早上，因为我起床晚了，只好来到张记的豆腐店。

吃完了一碗老豆腐，老板走过来，笑着问我豆腐怎么样。我实话实说："味道还行，就是豆腐有点软。"老板笑了笑，竟有几分满意的样子。

我说："你怎么不学学潘记，把豆腐做得结实一点呀？"老板反问我："我为什么要学他？"沉思了一下，老板自我解释说："你是说，来我这边吃豆腐的人少，是吗？"我点点头。老板建议我两个月以后再来，看看是不是会有变化。

大概一个多月后，张记的门前居然真的排起了长队。我很好奇，也排队买了一碗，看看碗里的豆腐，仍然是稀稀的汤汁，和以前没什么两样，吃起来，也是从前的味道。老板脸上仍然挂着憨厚的笑，我也笑着问："能告诉我这其中的秘诀吗？"

老板说："其实，我和潘记的老板是师兄弟。"我有些惊讶："但你们做的豆腐不一样呀？"老板说："是不一样。我师兄做的豆腐确实好，但我的豆腐汤是加入好几种骨头，再配上调料，再经过12个小时熬制而成的，师兄在这方面就不如我了。"见我还有些不解，老板继续解释："这是我师傅特意传授给我们的。师傅说，生意要想长远，就必须有自己的特长。师傅还告诉

我们，‘吃’的生意最难做，因为众口难调，人的口味是不断变化的，即使是山珍海味，经常吃也会烦。

因此师傅传给我们不同手艺。这样，人们吃腻了我师兄的豆腐，就会到我这里来喝汤。时间长了，人们还会回到我师兄那里。再过一段时间，人们又会来我这里。这样，我们师兄弟的生意就能比较长远地做下去，并且互不影响。"

我试探地问："那么，你难道就没想过跟你的师兄学做豆腐吗？"

老板却说："师傅告诉我们，能做精通一件事就不容易了。有时候，你想样样精，结果样样差。对于一件事做好就够了！"

梦想传承

两个老板，两种做豆腐的手艺，但凭借什么他们都可以长久地做下去呢？原因就在于他们各有所长，坚持自己的做豆腐手法。人们的胃口会变，不变的是一生只做好一件事，梦想就是坚持对一件事做好就足够了。

做人不需要什么都会，但是也不能没有特长，什么都不会。坚持自己的梦想，即使别人做得再好，或许那并不适合你，你对自己梦想的坚持迟早会让你有所收获的。

要用一生去建造的房子 ▶▶▶

一个不够执着的老工匠没有用心建造的最后一座房子，最后却成为了自己的家。

一位技艺高超的工匠即将退休，老板对他说："再建好最后一座房子，你就可以退休了。"

老工匠答应了。他开始着手建这座自己最后一次建造的房屋，但它的质量却远远不能与原来的那些同日而语：地基松软、房体倾斜、墙皮粗糙。因为他的心思早就不在房子上了。

临走那天，老板交给他一把钥匙，说：公司通过了一个决议，决定把这座房子送给你，作为你一辈子献身建筑业的奖励。

此时，老工匠却无法面带微笑地去接受这个惊喜，他绝没想到，自己一生中的唯一败笔之作竟成了他以后的安身立命之所，他将会在这间房屋里面用余生去咀嚼那份自己亲手酿造的懊恼和耻辱！

老工匠没建好的房屋岂止这一座，其实，就在他心猿意马的建造最后一座房子时，心中另一座即将完工的房子也随之坍塌。

　　老木匠心中的这间房屋需要他用一生的时间去建造的梦想。房屋的名字就叫"坚持"。

系在树枝上的小布条 ▶▶▶

那些记录着过去成绩的小布条，一阵风就可以将它们吹走。

在六百多年前，也就是明初时期，湘北一带有一个出了名的寺庙叫净辉寺，一年四季香火不断，里面僧人就有近百人，他们不但熟读各类经书，而且每个人都能舞得一手好枪棒，据说印度等国外禅寺每年都派人到此庙取经学习。

寺僧里有一个十三岁的小男孩叫盘木，是被父母遗弃让师兄捡回来的，寺里就他最小，梳着个小辫子，大大的眼睛，长得聪明伶俐，十分讨人喜欢，师兄们都宠爱他，争着教他各种技艺。

不到三年时间，他就把其他师兄十年时间学的东西全学到手了，还自己琢磨钻研出来好几套剑法，让其他师兄惊叹不已，连师父圆真大师都夸他是建寺几百年来最聪慧的一个。其他师兄到了快20岁的时候师父才教的经法和武功，盘木十岁时师父就开始传授他了。

那时，寺庙每到周一早晨几十个师兄师弟们都要接受师父和各个长老的考试，而且还要考对这一段时间以来学到的武功。一次大型庙试，几十个人都站在寺庙外接受师父们的考核。这次小盘木不但在武功上打败了师兄几十人，在诵经上也让师父们面面相觑。

不久后的一天，近二十岁的小盘木找到圆真大师说要独自一人闯荡江湖，师父见他一副骄傲十足的模样，什么也没说，径直走到寺内一棵枝叶繁茂的大树下，对小盘木说道："以后你每取得一点成绩或者你学到一门新的武功，你就在树叶上系个小红布条，当你把树叶都系满时，你就可以出师下山了！"

盘木眨着大眼睛高兴地点了点头，心想师父早这样说也许现在树上就全是红布条了。

从此，盘木更加刻苦用功了，每取得一点进步或学到一点新的东西，他总不忘在树叶上系个红布条，有时一天要系好几个。从春天一直系到了秋天，整棵大树上花花绿绿，甚是好看。

忽然有一天，小盘木大哭大闹地找到师父。原来，秋天来了，风一吹，树上的树叶就一个劲地往下掉，而且越掉越多，越掉越快。

师父低下头慈祥地抚摸着小盘木的脑袋，语重心长地说道："孩子，成绩是属于昨天的，时间是最好的见证人，这是自然规律啊！"小盘木似有所悟地点点头。

小盘木从此牢记师父的教导，求学习武上永不知足。25岁那年，就金榜题名取得了文武双科的状元，入官做了皇上的贴身护卫，深得明太祖朱元璋的赏识。

是的，所有的辉煌永远都属于过去，属于昨天，属于历史，迟早都是要淡出人们的记忆。就像一片片树叶，从抽芽到长大，从翠绿到发黄，最后还是要悄然地飘逝！梦想需要不断地努力，再辉煌的成绩都是过去式。

梦想传承

　　成绩属于过去，而梦想在前方。在实现梦想的过程中，我们会取得一点一滴的成绩，但如果你沉溺于过去取得的辉煌成绩中，那么你的头永远是向后看的，而梦想便会悄然消逝。

　　努力向上吧，星星就躲藏在你的灵魂深处，做一个悠远的梦吧，每个梦想都会超越你的目标。

有梦不觉天涯远 ▶▶▶

梦想，可以说是人生最大的财富。

他有个"庸俗"的名字，叫王发财，出生在巍巍长白山腹地的一个叫上甸子的贫瘠山村。这个小山村几乎与外界隔绝，父亲希望自己的孩子有一天能走出大山，闯荡天涯去"发财"。

因为家境贫寒，王发财小学刚毕业就不得不辍学。看儿子回来，平时坚强的父亲也掉下了眼泪，哽咽地搂着王发财的头说："不能上学，委屈你了！"王发财当时尽量压抑着自己心中的苦痛，语气平和地说："爸，没啥！我还可以利用业余时间自学，以后也能闯荡天涯！"

为了解决没有书读的难题，王发财的脚几乎踏遍了村里所有有书人家的门槛儿。可尽管王发财很刻苦用功，但是这片贫瘠的故土很难承载一个山村少年五彩斑斓的梦想，这也暗暗预示着他的前程必定是无尽的漂泊和磨难。

只要有空闲，王发财便跑到邻乡去给工程队打工，一天下来，他稚嫩的肩膀要红肿好几天，这样一个月能挣近100元钱，可这些钱他一分也舍不得花，积攒下来，大都买了自己喜欢的书和杂志。

血汗钱都被王发财"挥霍"了，指望儿子下地多干活的父亲恼怒了，他觉得当年给儿子起名"发财"的意义已经不复存在，儿子在败家。他把儿子的书全都烧毁了，书变不成香喷喷的米饭，写作在温饱尚未解决的山村里是没有出路的。父亲希望自己的儿子悬崖勒马，踏踏实实种田，多收粮食过好日子。

生活还要继续，为了省钱，也为了倔强的父亲不再烧书，他到白山市图书馆办了一个图书借阅证，去借一次书来回要花8个小时。崎岖的山路很难走，王发财常常跌得浑身是伤，可他没有退却，一周去两次图书馆，风雨不误。

在阅览室里，文学书、哲学书、历史书，只要能够看到的书，他统统不放过，他如同一个赤贫者发现了宝藏，欣喜若狂，每翻一页书都有一股激动。

书越读越多，已不满足于欣赏的他开始试着写一些小文章。白天怕被父亲看见，他就晚上偷偷打着手电筒尝试着写作，写好后再偷偷按照杂志上的地址投出去。幸运总是光顾有准备的人，没想到，他的第一篇稿件就发表了。

不久稿费寄来了，居然有100多元，这在这个小小的山村里成了爆炸性新闻。父亲终于理解了儿子，让他专职写作，从此一篇篇美文见诸全国各大报刊。

几年后，当他看到吉林市一家杂志社招聘编辑时，经历过风雪洗练的他决定走出大山。可除了身份证，他手里只有一张小学毕业证。面对"我们要求本科以上学历"的回答，王发财拿出一捆他发表过文章的期刊，这些署名"王发财"的文章让杂志社的总编辑眼睛一亮，王发财被破格聘用了。从此他的文字之旅翻开了新的一页。他富有灵气的文笔和对工作的热情很快得到了领导的赏识。但他心中的那个写作梦越来越大，两年后他决定辞职去北京，去寻找更远的"天涯梦"。

　　那是王发财第一次进京，他像一尊刚出土的陶俑站立在火车站出口处，京城的气派让他有点眼花缭乱，他终于到了这个被人们称为"祖国心脏"的地方，看着周围红红绿绿的人群和川流不息的车辆，他坚信，这座城市一定能承载起他五彩斑斓的梦想。没有任何身份和学历证明，为了生存，他在北京做过酒店清洁工，做过盒饭小贩，甚至烤过羊肉串，虽然没挣到钱，却领略了北京博大精深的文化，接触了来自全国各地的朋友，大大开阔了自己的眼界。

　　他暗下决心，一定要在京城闯出一片新天地，简陋而又拥挤的宿舍成了他的"写作工作室"，没有桌子，他就趴在床上写。白天要打点零工赚生活费，晚上为自己的命运"加班"，人在绝境中，求生的欲望是非同寻常的。创作赚稿费，成了他必须抓住的救命稻草。

　　很快，国内一流杂志都纷纷与他签约，高稿酬给他带来了高收益，每月上万元的收入让他不再为生活发愁，他把写作当成了一种享受。他的故事还感动了在《中国电脑教育报》同样热爱写作的IT记者、女硕士生欧阳洁，她被王发财诚恳、奋进的精神所折服，成了他谈婚论嫁的女朋友。

　　经过3年的打拼，王发财已经完全融入了大都市的生活，经历了种种磨难，他的人生也更加完美，因为他在京城找到了父亲向往的"天涯"。"天涯"不远，就在有梦想者的心里！

梦想传承

　　每个人都有一个梦想，但不是每个人都能实现梦想。都说梦想和现实相距太远，似乎梦想就是遥不可及，就是雾里看花、水中捞月，面对残酷的现实，梦想只有夭折似乎才使我们踏实。其实阻碍我们前进的就是自己，觉得梦想遥远的是自己，觉得梦想之路坎坷的是自己，觉得人言可畏的是自己，放弃梦想的也是我们自己。我们时常把自己圈在一个自己设计的围墙里，局限在自己思维的界线中，然后怎么也突不破这道沟壑，成为自己的俘虏，只能败给自己。

　　然而，只要我们找到了钥匙，就能去实现梦想，而这把钥匙就是努力地奋斗，无论经历什么样的挫折都不要气馁。唯有努力实现梦想的人，才有资格去享受人生最大的财富，只要一个人拥有实现梦想的动力，任谁也无法阻挡他前进的脚步。

一枝蜡烛的梦想 ▶▶▶

她一个人点亮了一个村子，也改变了一个村子。

她曾是香港南朗医院的一名护士，退休那年，她用全部积蓄买下了一间能看得见大海的房子，她想，后半生安逸的生活，将会像维多利亚港湾舒适的海风一样拥抱着她。然而，有一天，在朋友那里看到一盘记录广东"麻风村"的光碟后，她的生活彻底改变了。

从2003年至今，她一直照顾着一群麻风病康复者。20世纪中期，肆虐一时的麻风病，曾让潭山康复新村的一百多名村民饱受磨难。"麻风"二字让他们遭遇着世人无法消除的恐惧与鄙夷的目光，没有一个人愿意和敢于离开这个他们曾经做梦都想离开的地方，他们中有的10岁就进了村，当时稚嫩的小孩现在已变成了白发苍苍的老人。现在，村里人的平均年龄都有六十多岁。尽管十五年以前，医学已经彻底治愈了他们身上的麻风杆菌，但是他们身体的各部位都留下了不同程度的后遗症。如手脚残缺的、被截肢的、五官变形的，还有近一半人患有慢性溃疡。看到他们的生活状况，她流泪了，再也坐不住了，更忘记了自己是个做过多次手术的病人，她决定去帮助那里的人。

她匆忙到香港医疗协会办了一张义工身份证明书，五十七岁的她打点行装走出家门，她辗转跋涉，来到了这个地处偏远与世隔绝的"麻风村"。这里的生活环境可想而知，村里没房子，她就在一个满是蜘蛛网、蟑螂遍地跑的仓库里放了一张床，住了下来。她向村民作自我介绍说："我是从香港来的，曾经是名护士，现在已经退休。其实你们的病并没有人们想象的那么可怕——在这几十年里，你们遭受的肉体折磨和心灵创伤是人们无法想象的，从今以后，我就是你们的朋友……"她短短几句话，让许多人感动得流下了泪水，因为这些村民自从进了"麻风村"后，不仅是常人，即使他们的父母、丈夫、妻子、儿女都不再愿意与他们来往。面对社会，他们存有强烈的自卑、胆怯和隔膜，心灵的伤害使他们宁愿隐身于公众的视线之外。

在她来之前，"麻风村"里从没有过专业护士，身患溃疡的村民只能从巡诊的医生那里领一点药，自己处理。由于缺乏专业技术，他们的伤口反复感染，几十年不愈，严重者侵蚀到骨头，不得不截肢。

记得在她进护士学校时，护理课上的第一项内容就是学习如何给病人洗脚、擦大小便，而且这一内容要贯穿护士工作的一生。来到潭山，她才知道，这里的护士是不做这些事的，他们只管打针发药。一位老人因肺气肿住进医院，她要给他洗脚，不让；要给他端小便，不让；要给他擦身，更不让。但她觉得这是一个护士应尽的本分，再三坚持，老人才安下心来接受这些。以后，无论哪一位老人住院，她一定要跟到医院陪护，喂水喂饭，擦身洗澡，端屎端尿……

陈婆婆的双脚已经残缺，每只脚的脚底与脚背处都长着鸡蛋大小的溃疡，粉红色的创面渗着白色的脓液。她每次换药总要俯下身，一只手握着老人的脚，一只手用药棉仔细地清洗伤口，再用小刀一点一点地把伤口周围的死皮削掉，然后是上药、包扎。那些伤口常散发出一股难闻的气味，夏天还会有苍蝇在周围盘旋，她从不在意。像陈婆婆这样的情况在村里很普遍，每日为溃疡患者清疮换药，成了她最繁重的工作。

当了一辈子护士的她，不知见证了多少生命的来去，特别是她做过 7 年的临终护士，生死离别成为环绕在她身边的主旋

律，正是这样的经历让她更深地参悟了生命的意义。她说："生命不在于有多少岁月，而在于岁月里有多少生命。麻风病人长期生活在黑暗和阴影中，现在他们年纪大了，剩下的时间不多了，我想给他们更多的关爱与温暖，让他们在离开人世前感受到人间有真情。我就像一枝蜡烛，搁在那里，没什么用处。但我把它点起来，虽然它在一点点消失，却可以给周围的人们带来温暖和光亮，让生命变得有价值。"

淳朴的村民无以为报，有大胆的村民就想着尽自己所有来设宴款待她，可又怕她嫌弃他们而遭遇尴尬。终于有一天，有两位老人鼓足勇气找到她，说要请她吃饭。没想到，她没有半点犹豫就爽快地答应了，这一下可乐坏了两位老人，一整天都忙着杀鸡做菜。那顿饭，常人根本无法想象他们有多高兴！两人嘴里不停地念叨："几十年没有人和我们一起吃过饭了！今天真的有人和我们一起吃饭了！"从那以后，越来越多的村民邀请她到家里吃饭，村民们把能请到她吃饭看作是天大的事情。每逢村民们收获了蔬菜瓜果，或是捕到鱼虾，他们都不忘给她送上一份。她懂他们，所以，只要是村民们的一片心意，她从不会拒绝，她说："接受他们请我吃饭，是我和他们亲近的最平常也是最特别的尊重方式。"

几十年里，不少村民们不曾见过楼房，不曾坐过汽车，不曾去过商场，甚至连城里的马路都没有走过。于是，她带着他们走出山村，到集市上买东西，坐汽车到城里逛商场。她告诉相识或者不相识的人：麻风病是一种可防可治的慢性皮肤病，麻风病康复者也是人，他们身上的伤口可以通过药物治疗，但是他们心里的伤口更加需要社会的关爱，需要家庭的温暖和朋友的鼓励。有她在麻风病康复者中，人们见到麻风病康复者时便不再躲闪和拒绝，不少人开始愿意走近来帮助他们。

因此，她觉得自己的下半辈子活得比上半辈子更有意义："有生之年，我能用我的生命去扶持生命，真的很开心。别看一枝蜡烛的光亮很小，但我正在用我这枝蜡烛去点燃其他蜡烛——当我点燃了一大片蜡烛的时候，原本黑暗阴冷的世界就变得明亮了，温暖了。"

燃烧自己，点燃一片蜡烛，以此去温暖和点亮他人的世界。这是一枝蜡烛——退休老人傅宝珠的梦想。

梦想传承

在实现梦想的路途中，除了我们自己，否则根本就没有人可以为难我们，只要一个人拥有梦想，会比那些没有梦想的人，更加坚强和勇敢，成功的关键不在乎你是谁，你拥有什么，而是仅仅在乎你想成为谁，你想得到什么。当你拥有了实现梦想的决心，你就根本没有时间去为一些不必要的原因和条件而止步不前，只有这样，才能让自己在实现梦想的道路上勇往直前。

主题班会：我当小评委

【活动主题】我当小评委

【活动目的】锻炼同学们的组织能力和表演能力。

【活动日期】_____年_____月_____日

【班级人数】_____人

【缺席人员】_____人

【活动流程】

1. 数学老师对大家说："有一位同学准备了节目，让我们来欣赏一下吧！"这时，事先准备好节目的同学上台表演节目。

2. 除去表演节目的同学，老师将剩余的同学平均分成5组，每一组选出一个小组长。老师说："请每一组同学给我们的小演员打一个印象分吧！我们打分的要求是：满分为10分，只能打整数分,同时将自己所打的分数汇报给自己的小组长。"

3. 小组长说出小组成员所打的最后得分,并给出最后得分的计算方法，计分方法可能有：

   (1) 哪个分打得多即为最后得分。

   (2) 去掉最高分和最低分，取一个中间数。

   (3) 把最高分和最低分加起来，除以2。

   (4) 计算出所有得分的平均数。

⑸ 去掉一个最低分，再去掉一个最高分，剩余得分的平均数即为最后得分。

4.老师说："每组计算最后得分的方法都不同，现在大家讨论一下哪种计算方法最合理。"

5.讨论结束后，老师根据大家都认可的计算方法和每组汇报的最后得分，将小演员的最后得分计算出来。

【活动总结】

　　通过这次活动，锻炼了同学们的组织能力，在实践过程中提高了同学们的表演能力，同时培养了同学们的创新性思维，开拓了他们的思维能力。

小测试：测试你的竞争能力

胜败乃兵家常事。只要你参与竞争就不免有赢有输，暂时的输赢并不能代表最后的结果，关键在于你用什么心态去面对这暂时的结果。下面就通过体育运动来测试一下你的竞争力吧！

下列体育运动中，你觉得哪一项最能体现运动精神？

A.赛跑　　B.障碍赛

C.投球　　D.集体舞

【活动流程】

选A：你是一个不服输的人。无论对何人、何事，你都毫不掩饰你的竞争心理，要求一决胜负。

选B：在潜意识中，你往往以竞争为乐。你的特点是，只享受竞争的过程，不太看重竞争的结果，你属于越有问题就越来劲的人。

选C：你注重的是事情最终的结果，你不太喜欢竞争本身，但也不甘心认输。你擅长聚众结党互相挑战，并依靠大家的努力取得胜利。

选D：你没有竞争意识，极端且不愿意破坏和谐。你心地善良，即使自己失败了，也会为胜利者大声呐喊助威。可是人生在世，必定有一决胜负的时候，难道你要束手就擒，不战而败吗？